A TEMÁTICA AGROTÓXICOS E A METODOLOGIA DA RESOLUÇÃO DE PROBLEMAS NO ENSINO DE CIÊNCIAS

Catalogação na Fonte
Elaborado por: Josefina A. S. Guedes
Bibliotecária CRB 9/870

Ribeiro, Daniel das Chagas de Azevedo
R484t A temática agrotóxicos e a metodologia da resolução de problemas no
2018 ensino de ciências / Daniel das Chagas de Azevedo Ribeiro. - 1. ed. - Curitiba: Appris, 2018.
161 p. ; 21 cm (Sustentabilidade, impacto, direito, gestão e educação ambiental)

Inclui bibliografias
ISBN 978-85-473-2216-8

1. Educação ambiental. 2. Agrotóxico. I. Título. II. Série.

CDD - 333.7071

Livro de acordo com a normalização técnica da ABNT

Editora e Livraria Appris Ltda.
Av. Manoel Ribas, 2265 – Mercês
Curitiba/PR – CEP: 80810-002
Tel: (41) 3156 - 4731
www.editoraappris.com.br

Printed in Brazil
Impresso no Brasil

Daniel das Chagas de Azevedo Ribeiro

Coautores:
Camila Greff Passos
Carla Sirtori
Cláudio Aramy Marcinkowski

A TEMÁTICA AGROTÓXICOS E A METODOLOGIA DA RESOLUÇÃO DE PROBLEMAS NO ENSINO DE CIÊNCIAS

Appris editora

Dedico este livro a todos os leitores que se sentirem gratificados pelas informações aqui apresentadas.

AGRADECIMENTOS

Primeiro de tudo, gostaria de agradecer aos órgãos de fomento e instituições que me ajudaram no desenvolvimento deste livro, como o Programa de Pós-Graduação Educação em Ciências: Química da Vida e Saúde, da Universidade Federal do Rio Grande do Sul, e o Instituto de Química – Programa de Pós-Graduação em Química, da mesma instituição, e a tão presente Capes. Agradeço a esse "sistema" e a todas as pessoas envolvidas nele. Sobre os percalços que, às vezes, a vida nos impõe, o nosso poeta Mário Quinta nos alenta: "Se as coisas são inatingíveis... ora! não é motivo para não querê-las... Que tristes os caminhos, se não fora a presença das estrelas!". Melhor do que ter sonhos e metas, é concretizá-los.

Agradeço aos meus pais Geci e Delfino (*in memoriam*), que sempre me motivaram, entenderam as minhas faltas e momentos de afastamento e reclusão e me mostraram o quanto era importante estudar, mesmo não tendo tido eles a mesma oportunidade no passado. Obrigado por acreditarem no meu potencial, principalmente nos meus 20 e poucos anos, quando a "mesada", no início de cada mês, era fundamental para minha sobrevivência e para dar continuidade à minha formação universitária, mesmo ela sendo pública.

Agradecimentos mais que especiais ao meu amor... "[...] todo amor é assim, como uma história sem fim que tomou conta de mim [...] meu coração está preso a você", "Kisses"...

Obrigado a todas as pessoas com as quais convivo e que, de alguma maneira, contribuíram para o desenvolvimento deste livro, pois as suas boas vibrações e incentivo foram fundamentais para a minha paz interior e a realização desta obra. Obrigado por vibrarem comigo a cada conquista.

Agradeço a todos os professores que passaram, que ainda me orientam e aos que passarão na minha vida, uma vez que esses mestres se dedicam e compartilham seus conhecimentos, acreditando que a educação é o melhor caminho para termos um mundo mais justo e com menos desigualdades sociais.

APRESENTAÇÃO

Este livro, fruto de minhas inquietações como professor de Química e Ciências, tem como tema a formação de professores de Ciências quanto aos aspectos teóricos e práticos da metodologia de resolução de problemas (RP) e a educação ambiental (EA) relacionada à utilização de agrotóxicos e suas implicações ao meio ambiente e, consequentemente, à saúde humana. Acredito que a EA, tema de fundamental importância no contexto escolar, pode ser trabalhada de forma diferenciada, por intermédio da metodologia de RP, como apresentarei no decorrer desta obra.

Apesar de lecionar há menos de uma década em instituições públicas e privadas, sempre me chamaram a atenção os métodos tradicionais de ensino utilizados em sala de aula, os quais, em geral, apresentam pouca eficácia. Isso ocorre devido a essas metodologias estarem baseadas em aulas expositivas e centradas no professor, que detém conhecimentos e repassa-os aos alunos que, por sua vez, ouvem passivamente sem que haja uma interação docente/educando. Por esse motivo, desde que ingressei no magistério, tento aprimorar meus conhecimentos pedagógicos, buscando alternativas para um ensino-aprendizagem mais dinâmico, participando de cursos de formação continuada de professores, especialização, mestrado e atualmente cursando doutorado na área de Educação.

Isso se deve ao fato de eu acreditar que, num mundo em constante evolução, uma educação de qualidade necessita da formação continuada de professores. Essa formação de docentes é importante, uma vez que a educação está mudando constantemente com novas teorias e novas abordagens, tornando a informação mais acessível aos estudantes. Assim sendo, acredito que se faz necessário realizar cursos que possibilitem aos docentes o contato com teorias atuais e abordagens que possam ser utilizadas em sala de aula.

Em relação à disciplina de Química, sabemos que os conteúdos desenvolvidos nas escolas são, em grande parte, abstratos e de complexa compreensão. O professor possui o conhecimento da disciplina, mas, em geral, não consegue desenvolver os conceitos de maneira que os educandos consigam entendê-los.

Diversos podem ser os motivos, como a necessidade de melhores condições de trabalho, o número excessivo de alunos por turmas, a sua formação inicial, a gestão escolar e a falta de formação continuada, entre outros.

A formação continuada, entretanto, deverá ser expressiva, trazendo transformações na atividade do docente; alterações que o tornem capacitado para a sua profissão, levando em consideração as mudanças do século XXI, e provido de embasamento teórico coerente com as novas práticas pedagógicas e com a realidade da escola e dos alunos. Na minha busca por novas tecnologias, deparei-me com a interdisciplinaridade e a metodologia de resolução de problemas (MRP).

Sabemos que a interdisciplinaridade é uma orientação da Lei de Diretrizes e Bases (LDB) n.º 5.692/71 e, mais recentemente, ganha força com a nova LDB n.º 9.394/96 e com os Parâmetros Curriculares Nacionais. Desde então, muito se tem discutido sobre essa prática nas orientações curriculares e nas ações de docentes.

A interdisciplinaridade é um instrumento que faz indagações a respeito do fracionamento das diferentes áreas do saber, produzido por uma abordagem que não analisa a inter-relação e a influência entre elas. Indaga, também, sobre a concepção compartimentada (por intermédio de disciplinas), como a escola geralmente opera.

Trabalhar interdisciplinarmente é relacionar os conteúdos de duas ou mais disciplinas para aprofundar o conhecimento, promovendo um ensino mais ágil, dinâmico, participativo, colaborativo; momento em que uma disciplina interage com a outra. Assim sendo, a interdisciplinaridade implica conexões de ações disciplinares que visem a um benefício comum.

Assim sendo, o aspecto principal da interdisciplinaridade é uma ação de integração das diferentes áreas do saber. Na realidade, é um trabalho em que há ajuda mútua, compartilhamento de informações, um trabalho constante de diálogo entre todos os participantes e um planejamento conjunto. Dessa maneira, as disciplinas envolvidas não podem agir de forma separada, compartimentada, uma vez que o assunto abordado, a ser pesquisado, deve levar a um ponto de convergência.

Trabalhar interdisciplinarmente traz vantagens a alunos, professores e a qualquer espaço formal e informal de aprendizagem. Esse processo faz com que haja uma interação entre o corpo discente e docente, que atuam juntos com o objetivo de resolverem questões relacionadas à sua própria realidade. Esses segmentos da educação buscam, por meio da utilização dos conhecimentos das diversas disciplinas, resolver uma *situação-problema* ou entender um fenômeno sob diferentes pontos de vista.

Por sua vez, a metodologia de resolução de problemas está intimamente ligada à interdisciplinaridade, já que para solucionar um problema, na maioria das vezes, o educando ativa conhecimentos das mais diversas áreas do saber.

A resolução de problemas é uma metodologia na qual se pode envolver o educando em situações da vida real, incentivando-o para o desenvolvimento de um pensamento crítico e reflexivo. Isso se deve ao fato de essa metodologia levar o docente a interagir de forma mais efetiva com o estudante, sendo o professor também partícipe da aprendizagem, uma vez que deve elaborar práticas que tenham cunho investigativo para, dessa maneira, o aprendiz construir conceitos, motivando-o à solução de um problema, por intermédio de grupos nos quais os alunos, com a intermediação do professor, quando necessário, produzirão conhecimento, trocando ideias, ouvindo a opinião do outro, discutindo até chegarem a um consenso, por intermédio da interação entre pensar, sentir, discutir, explicar, relatar e fazer, assim como nos assegura Azevedo:

> Uma atividade de investigação deve partir de uma situação problematizadora e deve levar o aluno a refletir, discutir, explicar, relatar, enfim, que ele comece a produzir seu próprio conhecimento por meio da interação entre o pensar, sentir e fazer. Nessa perspectiva, a aprendizagem de procedimentos e atitudes se torna, dentro do processo de aprendizagem, tão importante quanto a aprendizagem de conceitos e/ou conteúdos.[1]

---

[1] AZEVEDO, M. C. P. S. Ensino por investigação: problematizando as atividades em sala de aula. In: CARVALHO, A. M. P. (Org.). **Ensino de ciências:** unindo a pesquisa e a prática. São Paulo: Pioneira Thomson Learning, 2004. p. 19-33.

Assim sendo, pensando na formação de professores, em uma metodologia eficaz e em um assunto da vivência dos educandos é que se criou um curso de formação para professores de Química, no qual a metodologia de resolução de problemas foi aplicada, estando relacionada à educação ambiental contextualizada ao uso de agrotóxicos que, após pesquisas e análises, resultou nesta obra.

Mas por que agrotóxicos? Dentre tantos temas relacionados à educação ambiental, esse foi escolhido, pois, desde 2008, o Brasil é considerado o maior consumidor desses produtos químicos no mundo. Além disso, sabemos que a produção de alimentos é de vital importância para a nossa sobrevivência. Entretanto, para viabilizar a produção, esses venenos são utilizados, muitas vezes, indiscriminadamente, ocasionando danos ao meio ambiente e à saúde dos seres vivos como um todo.

Dessa maneira, sempre acreditando em uma educação mais participativa, na qual professores e alunos sejam protagonistas do processo de ensino-aprendizagem, é que pensei em mostrar aos leitores uma experiência na qual pudéssemos sair das mesmas práticas diárias de sala de aula, adotando ações mais eficazes, críticas e reflexivas, partindo de temas que cativem e conscientizem nossos educandos de situações que nos rodeiam e nos afetam.

Prof. Me. Daniel das Chagas de Azevedo Ribeiro

PREFÁCIO

A obra *A temática agrotóxicos e a metodologia da resolução de problemas no ensino de Ciências* tem por objetivo geral o trabalho com professores e futuros professores, no que tange aos aspectos teóricos e práticos da metodologia de resolução de problemas associada à educação ambiental, utilizando a temática agrotóxicos no contexto de uma proposta de ensino de Química.

A educação ambiental é de grande relevância para a educação científica do cidadão, e a inclusão de temas organizadores conceituais do currículo contribui nessa direção, como se propõe neste livro utilizar a temática agrotóxicos para implementar uma proposta de ensino de Química.

Majoritariamente, por longos anos, os professores utilizam o modelo de ensino por transmissão-recepção, dificultando o envolvimento dos estudantes na construção de suas aprendizagens, mesmo que pesquisas tenham mostrado que há outros procedimentos metodológicos de ensino que permitem alcançar resultados melhores em termos de aprendizagens dos estudantes, como a resolução de problemas utilizada na pesquisa aqui relatada, e que permitiu bons resultados em termos de aprendizagens significativas pelos estudantes.

Há um mérito especial nessa proposta de formação de professores, porque, um modelo triádico, envolve professores universitários, professores da escola básica e os licenciandos de Química, ambos participantes do Programa Institucional Bolsas de Iniciação à Docência – Pibid. Além disso, conjuga-se a formação de professores no contexto acadêmico e escolar, propostas de organização curricular envolvendo a área de Química numa perspectiva da investigação e produção de material didático a ser utilizado quando do desenvolvimento da proposta na escola.

Num dos capítulos do livro, os autores apresentam uma rica revisão bibliográfica sobre agrotóxicos: tipos, toxidade, cuidados com o uso, riscos à saúde e contaminação de alimentos, que tem um grande potencial como fonte de informação para o professor. Discorrem sobre métodos alternativos para uma agricultura sustentável, como o sistema de plantio direto na Agricultura orgânica, ou uso de feromônios na agricultura.

Também fazem uma defesa da importância da educação ambiental para a formação do cidadão, realizada em diferentes contextos sociais e educacionais, e que envolvem a inclusão da temática ambiental na Química, vista como tema integrador dos conceitos fundamentais que estruturam o conhecimento nessa área.

Um dos aspectos que deve ser considerado é a contextualização do conhecimento científico, que se traduz na vinculação dos conteúdos à dimensão social, política, econômica, cultural e ambiental, por meio de uma abordagem de temas sociais e de situações reais no cotidiano dos alunos. Dessa maneira, a ciência constitui-se em um valioso instrumento educativo para a formação dos cidadãos, habilitando-os a tomar decisões e participar da resolução de problemas que têm surgido nas sociedades atuais como consequência do uso das tecnologias e dos conhecimentos científicos.

Enfatiza-se a importância de os autores definirem como estratégia metodológica de ensino a resolução de problemas, propiciando aos alunos o aprender para aprender e a motivação para buscarem o conhecimento por si próprios. A estratégia didática de resolução de problemas, que envolve a vida real, imprescindível para uma vida plena, exige um sólido aprendizado que envolve necessariamente a escola. O professor tem um papel fundamental nessa proposição, assumindo uma postura de professor-orientador das atividades realizadas por seus alunos, aprendizes de fazer ciência na dimensão da iniciação científica no nível básico de escolaridade.

Os resultados alcançados no curso de formação dos professores favoreceram o desenvolvimento de conhecimentos práticos e teóricos sobre a metodologia de resolução de problemas. A metodologia em questão fez os professores repensarem suas práticas e apontarem para uma mudança nelas, apesar das dificuldades. Essa formação do professor gerará mudanças nas didáticas escolares quando essas ações possibilitarem aprofundamento teórico e a experiência das novas propostas de ensino vivenciadas nessa formação.

Prof. Dr. José Claudio Del Pino

Programa de Pós-Graduação Educação em Ciências: Química da Vida e Saúde – Universidade Federal do Rio Grande do Sul; Universidade Integrada Vale do Taquari de Ensino Superior.

LISTA DE ABREVIATURAS E SIGLAS

EA	– Educação Ambiental
Abrasco	– Associação Brasileira de Saúde Coletiva
Anvisa	– Agência Nacional de Vigilância Sanitária
CLAE	– Cromatografia Líquida de Alta Eficiência
Consea	– Conselho Nacional de Segurança Alimentar e Nutricional
GC x GC	– Cromatografia Gasosa Bidimensional Abrangente
LD	– Livro Didático
MEC	– Ministério da Educação
MIP	– Manejo Integrado de Pragas
Para	– Programa de Análise de Resíduos de Agrotóxicos em Alimentos
PCN	– Parâmetros Curriculares Nacionais
Pibid	– Programa Institucional de Bolsas de Iniciação à Docência
Pops	– Poluentes Orgânicos Persistentes
QI	– Questionário Inicial
QF	– Questionário Final
RP	– Resolução de Problemas
SUS	– Sistema Único de Saúde
UFRGS	– Universidade Federal do Rio Grande do Sul

SUMÁRIO

1

INTRODUÇÃO ... 21

2

AGROTÓXICOS ... 29

2.1 RISCOS À SAÚDE E CONTAMINAÇÃO DOS ALIMENTOS ... 31
2.1.1 Organofosforados ... 46
2.1.2 Cloro-fosforados ... 47
2.1.3 Organoclorados ... 48
2.1.4 Piretroides ... 49
2.1.5 Carbamatos ... 49
2.2 MONITORAMENTO DE SOLOS, ÁGUAS E SEDIMENTOS ... 53
2.3 MÉTODOS ALTERNATIVOS PARA UMA AGRICULTURA SUSTENTÁVEL ... 57
2.3.1 O sistema de plantio direto em agricultura orgânica ... 58
2.3.2 A proteção de plantas ... 61
2.3.3 Utilização de feromônios na agricultura ... 62

3

A EDUCAÇÃO AMBIENTAL ... 67

3.1 A TEMÁTICA AMBIENTAL NA QUÍMICA ... 71

4

A METODOLOGIA DA RESOLUÇÃO DE PROBLEMAS ... 75

5

A FUNDAMENTAÇÃO DA PESQUISA QUALITATIVA 89

5.1 AS METODOLOGIAS DA PESQUISA E DO CURSO DE EXTENSÃO 91

6

RESULTADOS E DISCUSSÃO 97

6.1 ANÁLISE DO QUESTIONÁRIO INICIAL 97
6.1.1 A formação e o perfil acadêmico dos sujeitos da pesquisa 98
6.1.2 As experiências da metodologia de resolução de problemas 103
6.1.3 Conhecimentos prévios sobre o tema ambiental agrotóxicos 104
6.2 ANÁLISE DO QUESTIONÁRIO FINAL 115
6.2.1 As opiniões sobre a metodologia de resolução de problemas 116
6.2.2 Conhecimentos posteriores sobre o tema ambiental agrotóxicos 120
6.3 ETAPAS DO MÓDULO I: MEMÓRIAS DO CURSO DE FORMAÇÃO 126
6.3.1 Discussão e motivação para a atividade 127
6.3.2 Organização do trabalho e estruturação da atividade 130
6.3.3 Dificuldades encontradas na resolução dos problemas e hipóteses de trabalho 131
6.3.4 Os problemas semiabertos propostos no curso 133
6.3.4.1 Análise das resoluções do problema 1: plenária 134
6.3.4.2 Análise das resoluções do problema 2: plenária 138

ÚLTIMAS CONSIDERAÇÕES 145

REFERÊNCIAS BIBLIOGRÁFICAS 151

SOBRE OS COAUTORES 161

1

INTRODUÇÃO

O século XXI apresenta-nos uma visão educacional que aponta para grandes mudanças na área de Educação, tendo em vista o mundo globalizado no qual estamos inseridos. Dessa maneira, acredito que a formação de professores é de fundamental importância para um ensino de qualidade, levando também em consideração as constantes mudanças nas formas de aprender e ensinar. Mas existe alguma metodologia que possa envolver alunos e professores na busca pelo saber?

A partir de um curso de formação de professores, tendo a metodologia de resolução de problemas ligada à EA e tendo como contexto a utilização de agrotóxicos, obtive resultados que assinalam aspectos positivos para uma maneira diferenciada de ensinar e aprender, como o leitor poderá observar ao longo desta obra.

Está na Lei n.º 9.795/99 que a EA deve estar presente na proposta pedagógica das escolas em todos os níveis de ensino[2]. Além disso, o artigo 10.º da lei, além de ressaltar o caráter processual e a prática integrada da educação ambiental, diz que deve ser trabalhada em todas as disciplinas. Assim sendo, os professores podem utilizar métodos de ação coletiva para uma maior abrangência da temática ambiental. As atuais Diretrizes Curriculares Nacionais para o Ensino Médio, Resolução n.º 02/2012, definem em seus artigos 5.º, *13.º e 16.º que a temática ambiental deve ser desenvolvida como uma prática educativa integrada, contínua e permanente em sala de aula, tendo como metas universais a sustentabilidade ambiental e socioambiental*[3].

---

[2] BRASIL. **Lei n.º 9795, de 27 de abril de 1999**. Dispõe sobre a educação ambiental. Institui a Política Nacional de Educação Ambiental e da outras providências.

[3] Idem. Ministério da Educação. Conselho Nacional de Educação. **Resolução CEB n.º 02, de 30 de janeiro de 2012**. Define as Diretrizes Curriculares Nacionais para Ensino Médio.

Entretanto Oliveira[4] previne que, muitas vezes, os professores não estão preparados para desenvolverem propostas pedagógicas na área ambiental. Portanto é oportuno suprir algumas dessas deficiências, por exemplo, por meio da promoção de cursos de aperfeiçoamento que venham a preencher tais lacunas e/ou a participação ativa dos governos responsáveis pela elaboração de políticas públicas para a formação de professores. Assim sendo, a análise a que me proponho visa à interação entre universidade e escola básica, corroborando com a Política Nacional de Formação de Profissionais do Magistério da Educação Básica[5], por meio do oferecimento de um curso de extensão universitária.

A EA é todo processo utilizado para preservar o patrimônio ambiental e criar modelos de desenvolvimento, com soluções limpas e sustentáveis, além da construção, por intermédio do indivíduo e da coletividade, de valores sociais, conhecimentos, habilidades, atitudes e competências voltadas para a conservação do meio ambiente, que é um bem de uso comum do povo, e primordial à sadia qualidade de vida e sua sustentabilidade. Assim, esse processo deve despertar nos indivíduos o cuidado, individual e principalmente coletivo, com a prática de atividades que possam causar impacto ambiental, tais como: a poluição do ar, dos rios, a degradação do solo, a pesca predatória, o desmatamento, a produção de energia com o uso de combustíveis poluentes, o destino do lixo, o consumo de alimentos sem agrotóxicos etc. No que diz respeito ao meio ambiente e à nossa saúde, sabe-se que os agrotóxicos têm sido utilizados há bastante tempo por agricultores no combate a pragas que afetam a produção de alimentos. Entretanto seus efeitos não se restringem às pragas, podendo causar sérios danos ao ambiente e à saúde humana[6]. Dessa forma, entendo que quando

---

[4] OLIVEIRA, H. T. Educação ambiental – ser ou não ser uma disciplina: essa é a principal questão?! In: Mello, Soraia Silva; Trajber, Rachel. (Org.). **Vamos cuidar do Brasil:** conceitos e práticas em educação ambiental. 1. ed. Brasília, DF: MEC/MMA/Unesco, 2007.

[5] BRASIL. **Casa Civil. Decreto n.º 6.755, de 29 de janeiro de 2009**. Institui a Política Nacional de Formação de Profissionais do Magistério da Educação Básica, disciplina a atuação da Coordenação de Aperfeiçoamento de Pessoal de Nível Superior – Capes – no fomento a programas de formação inicial e continuada, e dá outras providências.

[6] MIRANDA, A. C.; MOREIRA, J. C.; CARVALHO, R.; PERES, F. Neoliberalismo, Uso de Agrotóxicos e a Crise da Soberania Alimentar no Brasil. **Revista Ciência e Saúde Coletiva**, Manguinhos/RJ, v. 12, n. 1, p. 7-14, jan. /mar. 2007.

nos referimos ao ambiente, abarcamos, ao mesmo tempo, o ser humano como parte complementar do meio ambiente, uma vez que os danos à saúde humana, causados pelos agrotóxicos, são também problemas ambientais[7].

Tendo em vista minha experiência como formador de professores, percebi que, muitas vezes, os docentes, em sua maioria, não trabalham questões da EA, como o tema agrotóxicos nas aulas de Química. Acredito que os professores dessa disciplina, mas não só dela, já que a EA deve ser tratada em todas as áreas de conhecimento, deveriam ter uma formação específica em EA para melhor trabalhar com os alunos esse tema, uma vez que é no ambiente que todo e qualquer ser vivo procura prover suas necessidades básicas e fundamentais à sobrevivência.

Assim sendo, a EA apresenta-se como um conjunto de práticas educacionais com o intuito de estabelecer uma nova consciência ecológica em todas as disciplinas do currículo escolar. Por isso, as práticas de EA não devem somente transmitir conhecimentos acerca do meio ambiente, mas também modificação de atitude, determinação para a ação e a procura de soluções para o problema.

Dessa maneira é que o trabalho por mim realizado apresenta a metodologia de RP como forma de levar a cabo essa tarefa, com o intuito de formar educandos com a habilidade de tomar decisões fundamentadas e participar de discussões na sociedade em que vivem no que diz respeito às questões ambientais.

Ao longo dos últimos 10 anos de investigação sobre a metodologia de RP ou situações-problema no ensino de Química, tanto nos contextos de sala de aula, como nos cursos de formação de professores[8,9,10], pôde-se

---

7 FERNANDES, C. S.; STUANI, G. M. Agrotóxicos no Ensino de Ciências: uma pesquisa na educação do campo. **Educação & Realidade**, v. 40, n. 3, p. 745-762, 2015.

8 GOI, M.E.J.; **A Construção do conhecimento químico por estratégias de resolução de problemas.** 151f. 2004. Dissertação (Mestrado). Universidade Luterana do Brasil, Canoas, 2004.

9 GOI, M.E.J.; SANTOS, F.M.T.; Reações de combustão e impacto ambiental por meio de resolução de problemas e atividades experimentais. **Química Nova na Escola**, v. 31, n. 3, p. 203-209, ago. 2009.

10 PASSOS, C.G.; SANTOS, F.M.T. A Resolução de Problemas na Formação de Professores de Química Brasileiros: análise da produção. In: XV ENEQ – XV ENCONTRO NACIONAL DE ENSINO DE QUÍMICA, Brasília, 2010. **Anais**...

verificar que a implementação da estratégia contribuiu significativamente para a aprendizagem dos estudantes, apresentando o diferencial de envolver alunos e professores na construção do conhecimento científico contextualizado, no uso de seus aportes teóricos e ferramentas tecnológicas.

Os trabalhos do grupo de Gil-Pérez e outros investigadores da Universidade de Valência são pioneiros na utilização da metodologia de RP para o ensino de Ciências, na educação básica e na educação superior[11,12]. Nessa perspectiva de aprendizagem, um problema é entendido como uma situação que apresenta certo nível de dificuldade e para o qual não se tem, de imediato, uma solução. Dessa forma, para resolver um problema, requer-se a utilização de determinados procedimentos que envolvem processos intelectuais e operatórios semelhantes aos processos seguidos em uma investigação científica.

Conforme diversos relatos na literatura da didática das Ciências, atualmente há uma convergência no que se refere a conceber a aprendizagem como resultado de uma investigação dirigida, a partir do tratamento de situações-problema[13,14,15].

A aprendizagem utilizando a metodologia de RP visa aproximar a atividade científica à construção do conhecimento em nível de educação básica e superior[16,17]. Com o uso dessa estratégia, integra-se o tratamento

---

[11] GIL-PÉREZ, D.; Diez Años de Investigación en Didática de las Ciencias: realizaciones Y perspectivas. **Enseñanza de las Ciencias**, v. 12, n. 2, p. 154-164, 1994.

[12] VILCHES, A.; GIL-PÉREZ, D. La necesaria renovación de la formación del profesorado para una educación científica de calidad, **Tecné, Episteme y Didaxis**, v. 22, n. ext, p. 67-85, 2007.

[13] CARVALHO, A.M.P.; GIL-PÉREZ, D.; **Formação de Professores de Ciências:** tendências e inovações. São Paulo: Cortez, 2006.

[14] CORTÉS GRACIA, A.L.; DE LA GÁNDARA GÓMEZ, M.; La construcción de problemas em el laboratorio durante la formación del profesorado: uma experiencia didáctica. **Enseñanza de las Ciencias**, v. 25, n. 3, p. 435-450, 2007.

[15] HOFSTEIN, A.; LUNETTA, V. N.; Laboratory in science education: Foundations for the twenty-first century. **Science Education**, v. 88, n. 1, p. 28-54, 2004.

[16] VILCHES, A.; GIL-PÉREZ, D. La necesaria renovación de la formación del profesorado para una educación científica de calidad, **Tecné, Episteme y Didaxis**, v. 22, n. ext, p. 67-85, 2007.

[17] CORTÉS GRACIA, A.L.; DE LA GÁNDARA GÓMEZ, M.; La construcción de problemas em el laboratorio durante la formación del profesorado: uma experiencia didáctica. **Enseñanza de las Ciencias**, v. 25, n. 3, p. 435-450, 2007.

das relações entre Ciência, Tecnologia, Sociedade e Ambiente com os conteúdos curriculares, contextualizando, assim, o trabalho científico que tem considerável destaque na história e filosofia das ciências, mas muitas vezes não está presente nas salas de aula de Ciências[18].

Os princípios da estratégia contemplam atividades multifacetadas, que integram pequenas investigações práticas ou em campo, com os conteúdos conceituais e os exercícios de lápis e papel. Na perspectiva de aprendizagem empregando a metodologia de RP, os alunos são considerados investigadores novatos e os professores são os orientadores da investigação[19].

Nas atividades investigativas, a construção de conhecimento dá-se por meio da resolução de situações-problema, que envolve etapas como observações, elaboração de questões e hipóteses, consulta a fontes de informação, planejamento e execução de planos, coleta, análise e interpretação de dados, proposição de explicações, compartilhamento de informações[20].

De acordo com Laudan[21], os problemas são o ponto central do pensamento científico e as teorias o seu resultado final. Esse mesmo autor concebe a Ciência como uma atividade de RP, que gera um progresso cognitivo e que se relaciona às aspirações intelectuais da Ciência. Laudan[22] ressalta que as teorias são cognitivamente relevantes quando proporcionam resoluções adequadas aos problemas, por isso a função da teoria é resolver ambiguidades e encontrar resoluções adequadas para as situações problemáticas.

---

18 GIL-PÉREZ, D.; Diez Años de Investigacion en Didática de las Ciencias: realizaciones Y perspectivas. **Enseñanza de las Ciencias**, v. 12, n. 2, p. 154-164, 1994.

19 CORTÉS GRACIA, A.L.; DE LA GÁNDARA GÓMEZ, M.; La construcción de problemas em el laboratorio durante la formación del profesorado: uma experiencia didáctica. **Enseñanza de las Ciencias**, v. 25, n. 3, p. 435-450, 2007.

20 HOFSTEIN, A.; LUNETTA, V. N.; Laboratory in science education: Foundations for the twenty-first century. **Science Education**, v. 88, n. 1, p. 28-54, 2004.

21 LAUDAN, L.; **Progress and its problems.** Towards a Theory of Scientific Growth. London: Routledge & Kegan Paul, 1977.

22 Idem.

Entendo que com a utilização da perspectiva da aprendizagem mediante a metodologia de RP favorece-se o desenvolvimento das atitudes inerentes à atividade científica, como questionar-se, elaborar e resolver problemas, e relacionar o conhecimento científico com os fenômenos vivenciados no dia a dia.

Por essa razão, o objetivo principal desta obra foi identificar as formas de contribuição de um curso de formação de professores e futuros professores de Química, no que tange aos aspectos teóricos e práticos da metodologia de resolução de problemas associada à temática agrotóxicos. Os dados da investigação que constam neste livro foram levantados em um curso de extensão universitária sobre educação ambiental, resolução de problemas e ensino de Química ministrado para docentes do ensino médio que já estão formados e para alguns em formação. Além do objetivo principal citado, busquei contemplar os seguintes objetivos específicos: i) Elaborar material didático correspondente às propostas investigativas de ensino, tendo em vista as temáticas ambientais que englobam a utilização e o descarte de agrotóxicos; ii) Analisar a contribuição das estratégias investigativas para o aperfeiçoamento do conhecimento dos professores sobre os temas de química ambiental trabalhados no projeto que deu origem a este livro; iii) Identificar a viabilidade da aplicação das situações-problema utilizadas na formação dos professores, no correspondente nível de ensino que esses trabalham.

O referido curso teve como público-alvo os professores das escolas participantes do Programa Institucional de Bolsas de Iniciação à Docência (Pibid) da UFRGS e também dos licenciandos que fazem parte do programa anteriormente mencionado, tendo uma carga horária de 50 horas, e foi realizado na modalidade presencial, utilizando a infraestrutura do Instituto de Química da UFRGS. As atividades formativas foram realizadas nos seguintes módulos temáticos: educação ambiental, aspectos metodológicos da resolução de problemas, ensino de Química.

Acrescido do aporte teórico da área de formação de professores, verificou-se que a proposta do curso de formação convergia aos princípios amparados legalmente na Resolução n.º 01/2002 que institui as Diretrizes Curriculares Nacionais para a Formação de Professores da Educação Básica[23]. Nas Diretrizes Curriculares Nacionais, mais especificamente no artigo 13, consta que a aprendizagem pode ser traduzida pela ação-reflexão-ação e pela resolução de situações-problema como uma das estratégias didáticas privilegiadas para ser vivenciada durante a formação do professor, para que esse tenha recursos para utilizá-la futuramente em suas salas de aula.

[23] BRASIL. **Resolução CP n.º 01/02, de 18 de fevereiro de 2002**. Institui as Diretrizes Curriculares Nacionais para a Formação de Professores da Educação Básica, em nível Superior, curso de licenciatura de graduação plena.

2

AGROTÓXICOS

Agrotóxicos, defensivos agrícolas, pesticidas, praguicidas, remédio de plantas ou veneno: são diversas as denominações relacionadas a um grupo de substâncias químicas utilizadas no controle de pragas e doenças de plantas[24]. Os agrotóxicos são compostos químicos cujos princípios ativos eliminam variados tipos de pestes (por isso o nome pesticida) que danificam a produtividade agrícola de uma cultura. Como exemplos dessas pestes, temos: insetos, ervas daninhas, fungos, vermes, roedores entre outras pragas.

Conforme a Lei 7.802 de 1989, agrotóxicos e afins são:

> a. os produtos e os agentes de processos físicos, químicos ou biológicos, destinados ao uso nos setores de produção, no armazenamento e beneficiamento de produtos agrícolas, nas pastagens, na proteção de florestas, nativas ou implantadas, e de outros ecossistemas e também de ambientes urbanos, hídricos e industriais, **cuja finalidade seja alterar a composição da flora ou da fauna, a fim de preservá-las da ação danosa de seres vivos considerados nocivos**;
>
> a. substâncias e produtos, empregados como desfolhantes, dessecantes, estimuladores e inibidores de crescimento[25]; (grifo nosso).

Em conformidade com a *Food and Agriculture Organization*[26], são considerados agrotóxicos qualquer substância ou mistura de substâncias

---

[24] PERES, F; MOREIRA, J. C. **É veneno ou é remédio?** Agrotóxicos. Saúde e ambiente. Rio de Janeiro: Fiocruz, 2003.

[25] BRASIL. **Lei n.º 7802, de 11 de julho de 1989**. Dispõe sobre a pesquisa, a experimentação, a produção, a embalagem e rotulagem, o transporte, o armazenamento, a comercialização, a propaganda comercial, a utilização, a importação, a exportação, o destino final dos resíduos e embalagens, o registro, a classificação, o controle, a inspeção e a fiscalização de agrotóxicos, seus componentes e afins, e dá outras providências, p. 1.

[26] PERES, F; MOREIRA, J. C. **É veneno ou é remédio?** Agrotóxicos. Saúde e ambiente. Rio de Janeiro: Fiocruz, 2003.

usadas com a finalidade de prevenir, destruir ou controlar qualquer praga – incluindo vetores de doenças humanas e animais, causadoras de danos durante (ou interferindo na produção), processamento, estocagem, transporte ou distribuição de alimentos, produtos agrícolas, madeira e derivados – ou que deva ser administrada para o controle de insetos, aracnídeos e outras pestes que atingem os corpos de animais de criação.

O vocábulo agrotóxico abrange inseticidas (controle de insetos), fungicidas (controle de fungos), herbicidas (combate às plantas invasoras), fumigantes (combate às bactérias do solo), algicida (combate a algas), avicidas (combate a aves), nematicidas (combate aos nematoides), acaricidas (combate aos ácaros), afora os reguladores de crescimento, desfoliantes[27,28].

Sendo tóxicos de uma forma geral, independentemente de qual composto é utilizado na sua formulação, os agrotóxicos podem ser mais ou menos danosos à saúde humana e ao meio ambiente.

A utilização desses pesticidas causa a contaminação do solo, de lençóis freáticos e de rios e lagos. Dessa maneira, quando um agrotóxico é empregado, ele chega ao solo e a chuva, ou caso haja sistema de irrigação da plantação, facilita a contaminação dos corpos de água, poluindo-os e intoxicando a vida ali existente.

Exemplo concreto de como esse tipo de produto tóxico atua pode ser observado em inseticidas, como os organoclorados e organofosforados. Ambos são bioacumulativos, o que quer dizer que o composto permanece no corpo do inseto ou de um peixe após sua morte. Dessa maneira, se algum outro animal se alimentar de um ser contaminado, esse também se contaminará e, assim, sucessivamente, alargando o horizonte do problema.

---

[27] BAIRD, C. **Chemistry in your life**. 2. ed. New York: W. H. Freeman, 2006.

[28] SILVA, C. M. M.; FAY, E. F. **Agrotóxicos e ambiente**. Brasília: Embrapa Informação Tecnológica, 2004.

O uso de agrotóxicos auxilia para o empobrecimento do solo. Fox et al.[29] afirmam que algumas pesquisas alertam para a utilização de pesticidas, mostrando que esse uso reduz a eficiência da fixação de nitrogênio realizada por micro-organismos, fazendo com que o emprego de fertilizantes se torne cada vez mais imprescindível.

O uso desses micropoluentes[30] é tão intenso que o Brasil, desde 2008, detém uma alarmante posição: a de maior consumidor de agrotóxicos do mundo[31]. Dados do Ministério da Agricultura, Pecuária e Abastecimento (Mapa) apontam o lançamento de 673,9 mil toneladas desses produtos no meio ambiente. Esse número prosseguiu aumentando e, em 2011, pressupõe-se que tenha alcançado o patamar de 852,8 mil toneladas, incluindo nesse montante produtos proibidos em outros países. Dessa maneira, percebemos o quanto nossa saúde pode estar sendo afetada de forma direta pelo consumo de alimentos com quantidades excessivas de agrotóxicos[32].

2.1 RISCOS À SAÚDE E CONTAMINAÇÃO DOS ALIMENTOS

Da mesma maneira, os agrotóxicos contribuem para o surgimento de pragas gradativamente mais fortes, por intermédio de um processo de "seleção natural", em que os animais mais resistentes aos agrotóxicos se apoderam do lugar de espécies mais suscetíveis. Esse sistema acaba por assegurar a manutenção da produção de agrotóxicos.

Há várias outras consequências percebidas pelo uso de pesticidas, tais como a diminuição de abelhas polinizadoras e a destruição do habitat de pássaros.

---

29 FOX, J. E., et al. Pesticides reduce symbiotic efficiency of nitrogen-fixing rhizobia and host plants. **Proc Natl Acad Sci**, USA, v. 104, n. 24, p. 10282-10287, 2007.

30 Substâncias legisladas ou não que se encontram nos diferentes compartimentos ambientais em níveis de concentração muito variáveis, os quais podem abranger desde ngL^{-1} até μL^{-1}.

31 MAPA. **Ministério da Agricultura, Pecuária e Abastecimento**. Disponível em: <http://www.agricultura.gov. br/ministerio>. Acesso em: 05 nov. 2014.

32 Idem.

Além de afetar o meio ambiente, o uso de agrotóxicos prejudica também a saúde humana. Isso ocorre de três maneiras: durante a sua fabricação, no momento da aplicação e ao se consumir um produto contaminado.

O Mal de Alzheimer, problema neurológico, está associado à exposição a inseticidas organofosforados, bem como o desenvolvimento de transtorno de déficit de atenção com hiperatividade em crianças. Esse composto também é considerado possível carcinogênico pela EPA[33].

Segundo a EPA[34], o efeito do pesticida depende do princípio ativo nele existente. Os sintomas podem variar, desde irritação da pele, até problemas hormonais e o desenvolvimento de câncer.

Bassil et al.[35] relatam que estudiosos descobriram em 2007, depois de realizarem uma investigação, que a maioria das pesquisas revela a associação entre a exposição a agrotóxicos e o desenvolvimento de linfoma não Hodgkin e leucemia.

Jurewicz e Hanke[36] explicam que o risco para as mulheres grávidas em contato com os pesticidas é dobrado. Esses pesquisadores alertam para as fortes evidências a problemas durante a gestação, assim como a morte de fetos, defeitos de nascença, problemas de desenvolvimento neurológico, diminuição do tempo de gestação e pouco peso do bebê.

Cremonese et al.[37] afirmam que substâncias organocloradas e os piretroides possuem a capacidade de modificar o equilíbrio e a função do sistema endócrino. Essas substâncias são chamadas de desreguladores endócrinos e podem afetar o crescimento dos órgãos e tecidos durante o

---

33 EPA. **Environmental Protection Agency**. Disponível em: <www.epa.gov/pesticides/reregistration/statusop. htm>. Acesso em: 10 dez. 2014.

34 Idem.

35 BASSIL K. L., et al. Cancer health effects of pesticides: systematic review. **Can. Fam. Physician**, Canadá, v. 53, n. 10, p. 1704-1711, 2007.

36 JUREWICZ J.; HANKE W. Prenatal and childhood exposure to pesticides and neurobehavioral development: review of epidemiological studies. **Int J Occup Med Environ Health**, USA, v. 21, n. 2, p. 121-132, 2008.

37 CREMONESE, C. et al. Exposição a agrotóxicos e eventos adversos na gravidez no Sul do Brasil, 1996-2000. **Cad. Saúde Pública**, Rio de Janeiro, v. 28, n. 7, p. 1263-1272, jul. 2012.

período pré-natal, impedindo ou limitando a ação dos hormônios endógenos, deixando os períodos fetal e neonatal suscetíveis aos efeitos tóxicos desses xenobióticos[38].

Com base nessas informações, os autores declaram que a exposição humana a certos grupos de agrotóxicos está relacionada a ocorrências prejudiciais à gravidez. Por isso, alguns estudos epidemiológicos apontam a exposição crônica de mulheres a agrotóxicos, particularmente no decorrer do período gestacional, como elemento preponderante de risco para a prematuridade, baixo peso ao nascer, peso reduzido para a idade gestacional, retardo do crescimento intrauterino, da altura e do perímetro cefálico do neonato, morte fetal, índice de Apgar[39] insatisfatório e malformações congênitas em meninos, tais como criptorquidia[40] e hipospádias[41], entre outras.

Não só o corpo feminino é afetado pelos agrotóxicos no que tange à concepção humana, mas também o corpo do homem é prejudicado, causando um significativo aumento da incidência de infertilidade masculina.

De acordo com Queiroz e Waissmann[42], parte desse problema pode estar relacionada à ação de substâncias tóxicas sintéticas sobre o sistema endócrino, sendo que muitas delas são utilizadas em processos laborais. Em seu trabalho, os autores procederam à revisão crítica da

---

[38] Compostos químicos estranhos a um organismo ou sistema biológico. Pode ser encontrado num organismo, mas não é normalmente produzido ou esperado existir nesse organismo.

[39] Índice de Apgar é um teste desenvolvido pela Dra. Virginia Apgar (1909-1974), médica norte-americana, que consiste na avaliação de cinco sinais objetivos (frequência, respiração, tônus muscular, irritabilidade reflexa e cor da pele) do recém-nascido no primeiro, no quinto e no décimo minuto após o nascimento, atribuindo-se a cada um dos sinais uma pontuação de 0 a 2, sendo utilizado para avaliar as condições dos recém-nascidos.

[40] Nos últimos meses da vida intra-uterina, os testículos formados no interior do abdômen devem migrar para a bolsa escrotal, seguindo um caminho que passa pelo canal inguinal. A criptorquidia ocorre quando um deles ou os dois ficam parados em algum ponto desse caminho por causa de hérnias ou anomalias na conformação do abdômen inferior.

[41] Hipospádia ou hipospadia é uma malformação congênita do meato urinário no sexo masculino, caracterizada pela abertura em posição anormal, na face ventral do pênis, ou, mais raramente, na bolsa escrotal.

[42] QUEIROZ, E. K. R.; WAISSMANN, W. Occupational exposure and effects on the male reproductive system. **Cad. Saúde Pública**, Rio de Janeiro, v. 22, n. 3, p. 485-493, mar. 2006.

literatura especializada acerca de fatores químicos de origem laboral capazes de provocar infertilidade masculina. Entre os principais desreguladores endócrinos que podem levar à infertilidade masculina evidenciam-se os agrotóxicos, como o DDT, linuron e outros; metais pesados como mercúrio, chumbo, cádmio e cobre. Além desses, substâncias que possuem diversas utilidades ou que correspondem a resíduos de processos industriais, tais como dioxinas, bifenilaspolicloradas, dibromoetileno, ftalatos, PVC e etanol. Essas substâncias causam sobre o aparelho reprodutor masculino disfunção gonodal e malformação congênita.

Em relação ao uso de agrotóxicos por agricultores, Soares e Porto[43] asseguram que dentre os fatores que aumentam as chances de intoxicação estão: o agricultor não ser auxiliado pelo agrônomo no instante da aquisição do agrotóxico, a não utilização do receituário agronômico e o uso de substâncias menos tóxicas à saúde humana.

Para esses estudiosos, quando um vendedor indica um agrotóxico, isso pode ser um fator de risco, uma vez que há uma tentativa de vender uma quantidade maior do produto, sinalizando condições inadequadas de uso. Esse tipo de situação mostra a falta de assistência técnica como um problema e, geralmente, pequenos produtores que utilizam agrotóxicos têm menor assistência em relação aos produtores maiores.

Esses mesmos autores afirmam que o Brasil possui legislação ambiental federal e que os estados e municípios possuem autonomia política, administrativa e financeira e uns são mais atuantes do que outros em ações ambientais, fiscalização e controle.

A pesquisa realizada por Soares e Porto[44] ainda nos revela que quando um estabelecimento se encontra em município onde há a chamada Agenda 21 Local e essa aborda temas ambientais, as chances de intoxicação são reduzidas em 82%, o que reforça o papel da incorporação de temática ambiental em nível local.

---

[43] SOARES, W. L.; PORTO, M. F. S. Uso de agrotóxicos e impactos econômicos sobre a saúde. **Rev. Saúde Pública**, São Paulo, v. 46, n. 2, p. 209-217, abr. 2012.

[44] Idem.

A Agenda 21 pode ser definida como um instrumento de planejamento para a construção de sociedades sustentáveis, em diferentes bases geográficas, que concilia métodos de proteção ambiental, justiça social e eficiência econômica.

Já a Agenda 21 Local é o processo de planejamento participativo de um determinado território que envolve a implantação, ali, de um Fórum de Agenda 21. Composto por governo e sociedade civil, o Fórum é responsável pela construção de um Plano Local de Desenvolvimento Sustentável, que estrutura as prioridades locais por meio de projetos e ações de curto, médio e longo prazos. No Fórum, são também definidos os meios de implementação e as responsabilidades do governo e dos demais setores da sociedade local na implementação, acompanhamento e revisão desses projetos e ações.

Como se pode perceber, os trabalhadores rurais também são atingidos pela toxicidade dos agrotóxicos. Nesse mesmo contexto, há mais de duas décadas, pesquisas demonstravam uma estimativa de que aproximadamente 25 milhões de trabalhadores agrícolas de países em desenvolvimento sofriam com algum tipo de intoxicação causada por exposição a agrotóxicos[45].

A Tabela 1 mostra-nos os ingredientes ativos de alguns agrotóxicos, suas informações químicas, sua classe, as culturas nas quais são utilizados e as respectivas classificações toxicológicas.

[45] JEYARATNAM J. Acute pesticide poisoning: a major global health problem. **U.S. World Health Stat Q**, USA, v. 43, n. 3, p. 139-144, 1990.

TABELA 1 – INGREDIENTES ATIVOS DE AGROTÓXICOS

Princípios ativos de agrotóxicos	**GLIFOSATO**	**DELTAMETRINA**
Fórmula estrutural	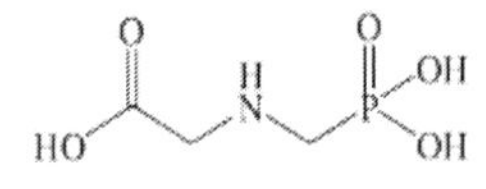	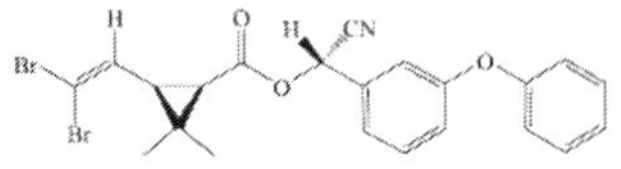
Nome químico (IUPAC)	N- (fosfonometil) glicina	(1R, 3R) – 3- (2,2-dibromovinil) -2-2 dimetilciclopropanocarboxilato de (S)-ciano3-fenoxi benzeno
Fórmula molecular	$C_3H_8NO_5P$	$C_{22}H_{19}Br_2NO_3$
Grupo químico	Glicina substituída	Piretroide
Classe	Herbicida	Inseticida
Funções orgânicas	Ácido carboxílico, amina	Éster, éter, haleto orgânico, nitrila
Culturas nas quais é utilizado	Algodão, ameixa, arroz, banana, cacau, café, cana-de-açúcar, citros, coco, feijão, fumo, maçã, mamão, milho, nectarina, pastagens, pera, pêssego, soja, trigo, uva	Abacaxi, algodão, alho, ameixa, amendoim, arroz, batata, berinjela, brócolis, cacau, café, caju, cebola, citros, couve-flor, crisântemo, eucalipto, feijão, feijão-vagem, figo, fumo, gladíolo, maçã, melancia, melão, milho, pastagem, pepino, pêssego, pimentão, repolho, seringueira, soja, sorgo, tomate, trigo
Classificação toxicológica	IV – pouco tóxico	III – medianamente tóxico

FONTE: Anvisa[46]

De acordo com a sua toxicidade, os agrotóxicos podem ser classificados em quatro categorias, tendo em vista os riscos que eles podem causar ao homem. Essa classificação está relacionada ao resultado dos testes e

[46] ANVISA. Agência Nacional de Vigilância Sanitária. Disponível em: <http://www.anvisa.gov.br>. Acesso em: 15 out. 2014.

pesquisas realizados em laboratórios, que visam estabelecer a dosagem letal 50% (DL_{50}), que é a quantidade de substância que se faz necessária para matar 50% dos animais testados nas condições experimentais aplicadas.

Avaliando que a capacidade de determinada substância acarretar a morte ou alguma consequência sobre os animais depende da sua concentração no corpo do indivíduo, a quantia letal é expressa em miligrama da substância por quilograma da massa corporal. A toxicidade de uma substância pode oscilar conforme a maneira de administração. Para que melhor se identifique sua toxicidade, os rótulos dos produtos são identificados por meio de faixas coloridas, segundo nos mostra a Tabela 2.

TABELA 2 – CLASSIFICAÇÃO TOXICOLÓGICA DOS AGROTÓXICOS

Classe toxicológica	Toxicidade	$DL_{50\,(mg/Kg)}$	Faixa colorida
I	Extremamente tóxico	≤ 5	Vermelha
II	Altamente tóxico	Entre 5 e 50	Amarela
III	Medianamente tóxico	Entre 50 e 500	Azul
IV	Pouco tóxico	Entre 500 e 5.000	Verde

FONTE: Peres e Moreira[47]

Arezon, Neto e Gerber[48] definem toxicidade como a capacidade de determinada substância, produto ou conjunto de substâncias acarretarem consequências prejudiciais aos organismos com os quais entram em contato. De acordo com o manual, essas consequências podem provocar modificações do comportamento, alteração de crescimento ou reprodução e, inclusive, a morte dos organismos.

[47] PERES, F; MOREIRA, J. C. **É veneno ou é remédio?** Agrotóxicos. Saúde e ambiente. Rio de Janeiro: Fiocruz, 2003.

[48] AREZON, A.; NETO, T. J. P.; GERBER, W. **Manual sobre toxicidade em efluentes industriais**. Porto Alegre: CEP Senai de Artes Gráficas Henrique d'Ávila Bertaso, 2011.

A toxicidade pode referir-se à nocividade relacionada a um organismo vivo ou a uma parte específica desse organismo. No caso do corpo humano, ao fígado, por exemplo. Além disso, a toxicidade pode estar relacionada a um ecossistema ou à própria biosfera.

Para os toxicologistas, a toxicidade assinala o quanto uma substância é prejudicial quando penetra no organismo, seja por ingestão, inalação, ou absorção cutânea. Para esses estudiosos, todas as substâncias podem ser tóxicas conforme a dosagem utilizada, por isso eles alertam que há uma escala contínua de toxicidade relativa com três níveis fundamentais: substâncias que não são tóxicas e que podem ser ingeridas, sem efeitos substancialmente nocivos; substâncias que são levemente tóxicas e que podem ser ingeridas numa dosagem pelo menos três vezes a mais do que comumente são consumidas; substâncias tóxicas que têm um potencial significativamente nocivo ou letal, se ingeridas em quantidades pequenas de até três vezes a dosagem usual.

De acordo com o trabalho sobre Resolução sobre Ecotoxicidade no Paraná[49], Ecotoxicidade é um ramo da ecologia que avalia os efeitos e influência de substâncias (líquidas ou sólidas) a serem lançadas ao corpo receptor sobre organismos que pertencem aos níveis tróficos primários (alga), secundários (bactérias e ou micro crustáceo) e terciários (peixes), simbolizando o impacto dessas em um ecossistema como num todo.

Outro autor expressa a definição de Ecotoxicidade como a "equação das condições ambientais versus a atividade biológica, medidas pelos níveis requeridos no processo para proteger a vida aquática"[50]. O mesmo artigo traz outro conceito para o termo: "trata-se dos níveis necessários nas etapas de reprodução, crescimento e sobrevivência e dos níveis requeridos para manter a população, o organismo e suas funções vitais"[51].

Assim sendo, há a necessidade de se avaliar o que pode interferir nesse processo, ou seja, gerar toxicidade para o efluente nesse meio. Substâncias como os metais pesados, compostos orgânicos voláteis, sólidos

[49] RESOLUÇÃO SOBRE ECOTOXICIDADE NO PARÁNA. Disponível em: <http://www.cema.pr.gov. br/arquivos/File/Resolucao_81_ecotoxicidade.pdf>. Acesso em: 11 jan. 2016.

[50] SANTI, T. Ecotoxicidade e Legislação. **Revista O Papel**, São Paulo, v. 3, n. 3, p. 20-22, fev. 2013. p. 20.

[51] Idem.

totais dissolvidos, orgânicos apolares levam toxicidade aos efluentes líquidos – tanto os gerados nos processos quanto os tratados.

O que se pode perceber em relação à toxicidade e à ecotoxicidade é que a primeira se relaciona tanto ao meio ambiente, aos ecossistemas, como às consequências aos seres humanos. Já a segunda, possui conhecimentos imprescindíveis para o monitoramento e controle da poluição, abarcando estudo qualitativo e quantitativo dos efeitos tóxicos de substâncias químicas e outras substâncias antropogênicas nos organismos e ecossistemas aquáticos e terrestres.

Em conformidade com a OMS, as intoxicações agudas por agrotóxicos são da ordem de 3 milhões anuais, com 2,1 milhões de casos apenas nos países em desenvolvimento. O número de mortes atinge 20.000 em todo mundo, com 14 mil nas nações do Terceiro Mundo. Entretanto os especialistas creem que as estatísticas verdadeiras devem ser ainda maiores devido à falta de documentação acerca das intoxicações subagudas, causadas por exposição moderada ou pequena a produtos de alta toxicidade, de aparecimento lento e sintomatologia subjetiva, e intoxicações crônicas, que requerem meses ou anos de exposição, e tardiamente apresentam prejuízos como neoplasias[52].

Atualmente, no Brasil, estima-se que são levados a óbito 5.000 trabalhadores/ano, vítimas de agrotóxicos. Grande parte desses óbitos poderia ser impedida caso existisse o uso efetivo de Equipamentos de Proteção Individual (EPI) (luvas, máscara, óculos de proteção, avental, outras vestimentas de proteção, botas e chapéu) por parte dos agricultores que fazem o manuseio do produto[53].

Segundo Faria[54], os problemas na execução de um Programa de Segurança e Saúde no Trabalho são vários, incluindo a escassez de técnicos com formação na área de saúde ocupacional atuando em área rural. Constantemente, as orientações técnicas de proteção no trabalho com agrotóxicos

---

52 UFRRJ. **Universidade Federal Rural do Rio de Janeiro**. Disponível em: <http://www.ufrrj.br/institutos/it/de/acidentes/vene5.htm>. Acesso em: 10 dez. 2014.

53 FARIA, N. M. X. Modelo de desenvolvimento, agrotóxicos e saúde: prioridades para uma agenda de pesquisa e ação. **Rev. bras. saúde ocup.**, São Paulo, v. 37, n. 125, p. 31-39, jun. 2012.

54 Idem.

são restritas ao uso genérico de EPIs, sem avaliação da situação de risco. Há algumas dificuldades que devem ser ressaltadas, como, por exemplo, as orientações de lavar-se logo após terminar os trabalhos envolvendo contato direto com agrotóxicos ou lavar as roupas contaminadas antes de uma nova utilização são consensuais como medidas de proteção entre pesquisadores, técnicos e trabalhadores rurais. No entanto, em algumas circunstâncias, a exposição química acontece em locais de trabalho sem disponibilidade de água potável para higiene corporal. A questão é particularmente crítica em regiões brasileiras em que há escassez de água durante boa parte do ano. Ou seja, nessas situações, o problema de higiene ultrapassa o risco químico no trabalho e torna-se uma questão sanitária de solução mais abrangente.

A Tabela 3 esclarece-nos como a aplicação errônea de agrotóxicos pode ocasionar consequências agudas e crônicas nos organismos vivos.

TABELA 3 – SINTOMAS DE INTOXICAÇÃO AGUDA E CRÔNICA POR AGROTÓXICOS

Classificação	Sintomas de intoxicação aguda	Sintomas de intoxicação crônica
INSETICIDAS	Fraqueza, cólica abdominal, vômito, espasmos musculares, convulsão, náusea, contrações musculares involuntárias, irritação das conjuntivas, espirros, excitação.	Efeitos neurológicos retardados, alterações cromossomais, dermatites de contato, arritmias cardíacas, lesões renais, neuropatias periféricas, alergias, asma brônquica, irritação das mucosas, hipersensibilidade.
FUNGICIDAS	Tonteira, vômito, tremores musculares, dor de cabeça, dificuldade respiratória, hipertermia, convulsão.	Alergias respiratórias, dermatites, doença de Parkinson, cânceres, teratogênese, cloroacnes.
HERBICIDAS	Perda de apetite, enjoo, vômito, fasciculação muscular, sangramento nasal, fraqueza, desmaio, conjuntivites.	Indução da produção de enzimas hepáticas, cânceres, teratogênese, lesões hepáticas, dermatites de contato, fibrose pulmonar.

FONTE: Peres e Moreira[55]

[55] PERES, F; MOREIRA, J. C. **É veneno ou é remédio?** Agrotóxicos. Saúde e ambiente. Rio de Janeiro: Fiocruz, 2003.

Como se pode perceber, a ação dos agrotóxicos sobre a saúde humana é bastante danosa, muitas vezes fatal, provocando desde náuseas, tonteiras, dores de cabeça ou alergias até lesões renais e hepáticas, cânceres, alterações genéticas, doença de Parkinson etc. Essa ação pode ser observada logo após o contato com o produto (os chamados efeitos agudos) ou após semanas/anos (são os efeitos crônicos) que, nesse caso, muitas vezes exigem exames sofisticados para a sua identificação.

Sintomas de intoxicação podem não se apresentarem imediatamente. Necessita-se estar atento à possível ocorrência desses sintomas, para que possam ser explanados com exatidão. Corroborando e ampliando as afirmações da tabela acima, o agricultor intoxicado pode apresentar as seguintes alterações:

- irritação ou nervosismo;
- ansiedade e angústia;
- fala com frases desconexas;
- tremores no corpo;
- indisposição, fraqueza e mal-estar, dor de cabeça, tonturas, vertigem, alterações visuais;
- salivação e sudorese aumentadas;
- náuseas, vômitos, cólicas abdominais;
- respiração difícil, com dores no peito e falta de ar;
- queimaduras e alterações da pele;
- dores pelo corpo inteiro, em especial nos braços, nas pernas, no peito;
- irritação de nariz, garganta e olhos, provocando tosse e lágrimas;
- urina alterada, seja na quantidade ou cor;
- convulsões ou ataques: a pessoa cai no chão, soltando saliva em grande quantidade, com movimentos desencadeados de braços e pernas, sem entender o que está acontecendo;
- desmaios, perda de consciência até o coma.

Cabe salientar que sintomas não muito específicos, tais como dor de cabeça, vertigens, falta de apetite, falta de forças, nervosismo, dificuldade para dormir, presentes em várias enfermidades, normalmente são as únicas manifestações da intoxicação por agrotóxicos, motivo pelo qual dificilmente se estabelece essa suspeita diagnóstica. A presença dessa sintomatologia em indivíduos com histórico de exposição a agrotóxicos deve levar à investigação diagnóstica de intoxicação.

Ressalta-se, também, que enfermidades podem ter outras causas, além dos produtos envolvidos. Por isso um tratamento errôneo pode piorar as condições de saúde do indivíduo envolvido. Na Tabela 4 são mostrados os sinais e sintomas causados pela exposição a agrotóxicos. Logo a seguir, na Tabela 5, podemos observar os efeitos causados por essas substâncias químicas no organismo humano.

TABELA 4 – SINAIS E SINTOMAS CAUSADOS PELA EXPOSIÇÃO A AGROTÓXICOS

	EXPOSIÇÃO	
Sinais e Sintomas	Única ou por curto período	Continuada por longo período
Agudos	cefaleia, tontura, náusea, vômito, fasciculação muscular, parestesias, desorientação, dificuldade respiratória, coma, morte	hemorragias, hipersensibilidade, teratogênese, morte fetal
Crônicos	paresia e paralisias reversíveis, ação neurotóxica retardada irreversível, pancitopenia, distúrbios neuro-psicológicos	lesão cerebral irreversível, tumores malignos, atrofia testicular, esterilidade masculina, alterações neuro-comportamentais, neurites periféricas, dermatites de contato, formação de catarata, atrofia do nervo óptico, lesões hepáticas etc.

FONTE: UFRRJ[56]

[56] UFRRJ. **Universidade Federal Rural do Rio de Janeiro**. Disponível em: <http://www.ufrrj.br/institutos/it/de/acidentes/vene5.htm>. Acesso em: 10 dez. 2014.

TABELA 5 – EFEITOS DA AÇÃO PROLONGADA PELA EXPOSIÇÃO A AGROTÓXICOS

ÓRGÃO/SISTEMA	EFEITOS NO ORGANISMO
Sistema nervoso	Síndrome asteno-vegetativa, polineurite, radiculite, encefalopatia, distonia vascular, esclerose cerebral, neurite retrobulbar, angiopatia da retina
Sistema respiratório	Traqueíte crônica, pneumofibrose, enfisema pulmonar, asma brônquica
Sistema cardiovascular	Miocardite tóxica crônica, insuficiência coronária crônica, hipertensão, hipotensão
Fígado	Hepatite crônica, colecistite, insuficiência hepática
Rins	Albuminúria, nictúria, alteração do clearance da ureia, nitrogênio e creatinina
Trato gastrointestinal	Gastrite crônica, duodenite, úlcera, colite crônica (hemorrágica, espástica, formações polipóides), hipersecreção e hiperacidez gástrica, prejuízo da motricidade
Sistema hematopoético	Leucopenia, eosinopenia, monocitose, alterações na hemoglobina
Pele	Dermatites, eczemas
Olhos	Conjuntivite, blefarite

FONTE: UFRRJ[57]

Além de afetar a saúde humana e o meio ambiente, os produtos químicos também trazem sérias consequências aos animais. É bastante comum animais ingerirem produtos que possam causar intoxicação, tais como medicamentos, venenos para roedores. Da mesma forma, podem entrar em contato com tintas, produtos de limpeza, agrotóxicos etc.

Bulcao et al.[58] afirmam que agrotóxicos e raticidas são responsáveis por inúmeras intoxicações humanas e animais. Segundo as autoras, dados introdutórios revelam que o uso ilegal dessas substâncias com o objetivo

57 Idem.

58 BULCAO, R. P. et al. Intoxicação em cães e gatos: diagnóstico toxicológico empregando cromatografia em camada delgada e cromatografia líquida de alta pressão com detecção ultravioleta em amostras estomacais. **Ciência Rural**, Santa Maria, v. 40, n. 5, p. 1109-1113, maio 2010.

fatal em animais de pequeno porte é uma prática comum na região central do Rio Grande do Sul. Declaram que o Latox recebe amostras de casos em que a principal suspeita é a intoxicação por agrotóxicos e raticidas (lícitos e ilícitos).

Durante os anos de 1980 e 2006, foram registrados, no CIT-RS, 10.400 casos de intoxicação em animais, sendo 72% das notificações em cães, e os principais agentes envolvidos foram pesticidas domésticos, produtos veterinários e também raticidas[59].

Esses envenenamentos em animais acontecem, em grande parte, por imprudência de proprietários que buscam soluções para exterminar pragas, mesmo sabendo que algumas dessas ações são ilegais ou até mesmo perigosas. Um dos principais motivos de intoxicação pode ser a falta de conhecimento da população quanto ao uso correto dessas substâncias no ambiente doméstico, na maioria das vezes, administradas sem orientação ou acompanhamento de profissional qualificado, aumentando o risco de intoxicações[60].

Dados epidemiológicos publicados por Assis et al.[61], embasados em uma pesquisa concretizada por meio de questionários executados em 44 estabelecimentos veterinários que atendem pequenos animais em Curitiba, durante um ano (2004/2005), mostraram que as intoxicações são caracterizadas por ter maior incidência em cães do que em gatos (81% e 18%, respectivamente). Desses, evidenciam-se principalmente piretroides, organofosforados, carbamatos, cumarínicos e estricnina, sendo os carbamatos responsáveis por 56,3% das mortes registradas. Tendo em vista a grande disponibilidade de carbamatos no mercado consumidor, sendo legalmente comercializados como agrotóxicos, produtos veterinários ou

59 DALLEGRAVE, E. et al. **Toxicologia veterinária**: do desenvolvimento sustentável à melhoria da qualidade de vida. In: RIO GRANDE DO SUL. Secretaria da Saúde. Fundação Estadual de Produção e Pesquisa em Saúde. Centro de Informação Toxicológica. Toxicovigilância – Toxicologia clínica: dados e indicadores selecionados, Rio Grande do Sul: 2006. Porto Alegre: CIT/RS, 2007.

60 MEDEIROS, R. J. et al. Casos de intoxicações exógenas em cães e gatos atendidos na Faculdade de Veterinária da Universidade Federal Fluminense durante o período de 2002 a 2008. **Ciência Rural**, Santa Maria, v. 39, n. 7, p. 2105-2110, 2009.

61 ASSIS, H.C.S. et al. Perfil das intoxicações apresentadas por cães e gatos em Curitiba. **Revista do Conselho Federal de Medicina Veterinária**, Paraná, v. 15, n. 47, p. 22-28, 2009.

mesmo como inseticidas domésticos, e da elevada toxicidade de alguns princípios ativos, como o aldicarb (DL50 oral para ratos = 1mg kg-1), esses pesticidas são causadores de muitos casos de intoxicação por ingestão acidental ou mesmo intencional[62].

Da mesma forma, estudos epidemiológicos destacam que carbamatos são os principais agentes responsáveis pelo envenenamento de animais domésticos como cães e gatos. Wang et al.[63] e Xavier et al.[64] divulgaram estudos em que carbamatos foram indicados como sendo a principal causa de intoxicação aguda, acidental ou não. De acordo com os estudiosos, esse fato está relacionado a três fatores: 1) alta toxicidade de alguns compostos, principalmente o aldicarb (Temik®), um agente anticolinesterásico (carbamato) comercializado de forma clandestina e usado ilegalmente como raticida doméstico, 2) facilidade de aquisição de produtos registrados para uso agrícola contendo essas substâncias, e 3) fiscalização ainda ineficiente da comercialização dos agrotóxicos. Atualmente, em grande parte do Brasil, o diagnóstico da intoxicação por carbamatos, warfarina, estricnina e fluoroacetato de sódio é baseado, principalmente, na história de exposição ou ingestão e nos sinais clínicos[65].

Os ingredientes ativos presentes nos agrotóxicos possuem elevado grau de toxidade aguda comprovada e causam problemas neurológicos, reprodutivos, de desequilíbrios hormonais e até câncer. Esses agrotóxicos são vendidos normalmente no Brasil. Apesar de serem proibidos em vários locais do mundo, como União Europeia e Estados Unidos, há pressões do setor agrícola para manter esses produtos (endosulfan, metamidofós

---

62 ALMEIDA, C. G. et al. Intoxicação em cães e gatos: estudo retrospectivo dos casos atendidos em um centro veterinário privado durante o período de 1996 a 2004. **Revista Brasileira de Toxicologia**, São Paulo, v. 18, n. 1, p. 286-292, 2005.

63 WANG, Y. et al. Pesticide poisoning in domestic animals and livestock in Austria: a 6 years retrospective study. **Forensic Science International**, USA, v. 169, n. 2, p. 157-160, 2007.

64 XAVIER, F.G. et al. Cromatografia em camada delgada para o diagnóstico da intoxicação por aldicarb («chumbinho») em cães e gatos. **Arquivo Brasileiro de Medicina Veterinária e Zootecnia**, Belo Horizonte, v. 59, n. 5, p. 1231-1235, 2007.

65 ASSIS, H.C.S. et al. Perfil das intoxicações apresentadas por cães e gatos em Curitiba. **Revista do Conselho Federal de Medicina Veterinária**, Paraná, v. 15, n. 47, p. 22-28, 2009.

e acefato) no Brasil, mesmo após serem retirados de forma voluntária em outros países[66].

Alguns dos ingredientes ativos dos agrotóxicos podem ser classificados como medianamente ou pouco tóxicos, entretanto as consequências crônicas podem advir meses, anos ou até décadas depois de as pessoas ingerirem alimentos contaminados e manifestam-se em várias doenças como cânceres, malformação congênita, distúrbios endócrinos, neurológicos e mentais.

Os agrotóxicos podem contaminar os seres humanos diretamente por diferentes vias. Conforme Moreira et al.[67], há três formas de essa contaminação ocorrer:

1. Via ocupacional – caracteriza-se pela intoxicação de grupo de trabalhadores que se ocupam diretamente com praguicidas. Segundo dados dos autores, esse tipo de contaminação é responsável por mais de 80% dos casos de intoxicação por agrotóxicos.
2. Via ambiental – caracteriza-se pela distribuição ou dispersão dos agrotóxicos, contaminando todos os segmentos ambientais, como por exemplo: lençóis freáticos, rios, córregos, lagos, solos, contaminação atmosférica por intermédio da pulverização e contaminação da fauna e da flora.
3. Via alimentar – caracteriza-se pela contaminação de agrotóxicos devido ao consumo de produtos com resíduos desses compostos químicos.

Para exemplificar o quão prejudicial à saúde são os agrotóxicos, apresentam-se alguns dos principais grupos químicos em que eles estão divididos e os danos causados por eles ao organismo humano:

2.1.1 Organofosforados

Formados somente por ésteres de ácido fosfórico e outros ácidos à base de fósforo. Desenvolvidos na década de 40, foram os primeiros a substituírem os organoclorados. Apresentam maior toxidade que os carbamatos e que os agrotóxicos clorados em relação à toxidade aguda,

---

66 ANVISA. Agência Nacional de Vigilância Sanitária. Disponível em: <http://www.anvisa.gov.br>. Acesso em: 15 out. 2014.

67 MOREIRA, J. C.; JACOB, S.C.; PERES, F. Avaliação integrada do impacto do uso de agrotóxicos sobre a saúde humana em uma comunidade agrícola em Nova Friburgo-RJ. **Ciência e Saúde Coletiva**, Rio de Janeiro, v. 7, n. 2, p. 299-311, 2002.

entretanto se degradam com rapidez e não se acumulam nos tecidos gordurosos. Da mesma forma, atuam inibindo a enzima colinesterase na transmissão dos impulsos nervosos, em especial na acetilcolisneterase, causando a potencialização e persistência dos estímulos nervosos por intermédio do acúmulo da Acetilcolina nas junções neuromusculares.[68]

São utilizados essencialmente em residências, estando entre os inseticidas de maior causa de óbitos. Deixam sequelas neurológicas e a tendência ao suicídio. Fazem parte desse grupo os metamidofós, melation, fosmete, paration etílico, paration metílico, monocrotophos, rodival, acefato, forato, metil demetom, entre outros[69].

Os sinais de intoxicação aguda em decorrência à exposição aos organofosforados incluem transtornos de visão, vômitos, ansiedade, confusão mental, hipertensão arterial, sintomas neurológicos diversos e, inclusive, a morte. A exposição crônica está relacionada ao câncer, efeitos teratogênicos, esterilidade, aborto espontâneo e deficiência cognitiva[70].

2.1.2 Cloro-fosforados

Contêm um éster de ácido fosfórico e outros ácidos à base de cloro, sendo que um dos radicais da molécula comporta também um ou mais átomos de cloro. Podem acarretar óbito instantâneo em seres humanos, uma vez que sua toxidez é considerada aguda, agindo na enzima colinesterase (essencial ao sistema nervoso central) e nas transmissões de impulsos nervosos. Podem ser citados como alguns exemplos desse grupo os bromofos, e triclorfon[71,72].

---

[68] SILVA, P. C.; GUIMARÃES, F. L. **Controle de Vetores**: Procedimentos de Segurança. Brasília: Funasa, 2010.

[69] ANVISA. Agência Nacional de Vigilância Sanitária. Disponível em: <http://www.anvisa.gov.br>. Acesso em: 15 out. 2014.

[70] SOUZA, M. V. **Resíduos de Agrotóxicos Ditiocarbamatos e Organofosforados em Alimentos Consumidos no Restaurante Universitário-UNB:** Avaliação da Exposição Humana. 2006. 110f. Dissertação (Mestrado) – Universidade de Brasília, Brasília, 2006.

[71] ANVISA. **Agência Nacional de Vigilância Sanitária**. Disponível em: <http://www.anvisa.gov.br>. Acesso em: 15 out. 2014.

[72] SILVA, P. C.; GUIMARÃES, F. L. **Controle de Vetores**: Procedimentos de Segurança. Brasília: Funasa, 2010.

2.1.3 Organoclorados

Compostos que contêm em sua molécula um ou mais átomos de cloro, acarretam consequências patológicas em longo prazo, afetando as transmissões dos impulsos nervosos. Alguns de seus componentes ativos foram proibidos desde a década de 80 e outros tiveram sua utilização restringida[73].

Podem ser apresentados como parte desse grupo o DDT (diclorodifeniltricloroetano), DDE (diclorodifenildicloroetileno) DDD (dicloro difenilcloroetano), endossulfan, aldrin, dieldrin, HCH (hexaclorociclohexano), mirex, y-clordano, lindane, heptacloro, pentaclorofenol e clordane[74].

Nesse grupo, alguns são considerados como poluentes orgânicos persistentes (POPs). Os POPs são compostos altamente estáveis e persistentes no ambiente, sendo de longa duração. Eles podem migrar por grandes distâncias, acarretando sérias consequências na saúde humana e também animal. É possível serem gerados acidentalmente como produtos secundários em processos industriais e de combustão e representam uma classe especial de problema para a saúde e para o meio ambiente. Nos seres humanos, os POPs estão relacionados com malformações congênitas, cânceres, problemas de fertilidade, psicomotores, diminuição da inteligência e maior suscetibilidade para doenças em geral[75].

As crianças, por intermédio do leite materno, e os fetos, via placenta, ficam mais vulneráveis à ação desses componentes químicos persistentes, pois a maioria desses compostos lipofílicos possui grande solubilidade nas gorduras, acumulando-se no organismo preferencialmente em tecido adiposo[76].

---

[73] Idem.

[74] Idem.

[75] ANVISA. **Agência Nacional de Vigilância Sanitária.** Disponível em: <http://www.anvisa.gov.br>. Acesso em: 15 out. 2014.

[76] MESQUITA, S. A. **Avaliação da contaminação do leite materno por pesticidas organoclorados persistentes em mulheres doadoras do banco de leite do Instituto Fernandes Figueira, RJ.** 84f. 2001. Dissertação (Mestrado) – Escola Nacional de Saúde/Fundação Oswaldo Cruz, Rio de Janeiro, 2001.

2.1.4 Piretroides

São oriundos das flores de piretro. Utilizados desde a antiguidade, possuem um grande potencial de ação e baixa taxa residual. Devido à descoberta da aletrina na década de 30, a molécula natural presente na flor foi sendo substituída pelos piretroides sintéticos um pouco mais estáveis e com excelente ação inseticida[77].

Comercialmente apareceram a partir de 1976 e começaram a ser largamente utilizados na agricultura e na área de saúde devido a sua alta eficácia, usando-se pequena quantidade do produto com menor contaminação do ambiente. A maioria dos piretroides age nos insetos por contato e ingestão, provocando instantânea inibição de seu sistema nervoso[78].

Os piretroides não agem sobre as colinesterases, seu campo de atuação ocorre sobre as membranas das células nervosas. Revelam-se com baixa e média toxicidade em humanos e em animais domésticos, são pouco tóxicos por intermédio da inalação, podendo apresentar algum risco se consumidos. São rapidamente metabolizados e excretados pela urina, podendo ocasionar alergias se em contato com a pele. Apresentam alta mortalidade entre os agentes polinizadores, como as abelhas. Os principais compostos desse grupo são a cipotrina, fenvalerato e a permetrina[79,80].

2.1.5 Carbamatos

São compostos por ésteres de ácido metilcarbônico ou dimetilcarbônico. Degradam-se rapidamente e não se acumulam nos tecidos gordurosos. Em relação aos pesticidas organoclorados e organofosforados,

---

77 SILVA, P. C.; GUIMARÃES, F. L. **Controle de Vetores**: Procedimentos de Segurança. Brasília: Funasa, 2010.

78 Idem.

79 Idem.

80 ANVISA. **Agência Nacional de Vigilância Sanitária**. Disponível em: <http://www.anvisa.gov.br>. Acesso em: 15 out. 2014.

os carbamatos contêm toxicidade aguda média agem, da mesma forma, na inibição da enzima colinesterase[81].

No que tange aos seres humanos, suas consequências são altamente cancerígenas, razão pela qual muitos desses produtos químicos foram proibidos em muitas nações. Exemplos de carbamatos: carbofuran, carbosulfan, mexocarbato e aldicarbe[82].

Como se pode observar, essas substâncias provenientes de agrotóxicos, inclusive de uso ilegal, possuem componentes ativos que, acumuladas no corpo humano, podem ocasionar graves doenças desde malformações fetais, sequelas neurológicas, cânceres e até a morte.

Conforme uma das resoluções da III Conferência Nacional de Segurança Alimentar e Nutricional[83], uma alimentação adequada e saudável significa a realização de um direito humano básico com a garantia de acesso permanente e regular, de forma socialmente justa, a uma prática alimentar adequada aos aspectos biológicos e sociais dos indivíduos, de acordo com o ciclo de vida e as necessidades alimentares especiais, considerando e adequando quando necessário o referencial tradicional local. Deve atender aos princípios da variedade, qualidade, equilíbrio, moderação e sabor, às dimensões de gênero, etnia, e às formas de produção ambientalmente sustentáveis, livres de contaminantes físicos, químicos e biológicos e de organismos geneticamente modificados.

Para que se assegure esse direito à população, o Conselho Nacional de Segurança Alimentar e Nutricional (Consea)[84] afirma que o Estado tem o dever de respeitar, proteger, promover, prover, infor-

---

[81] Idem.

[82] SILVA, P. C.; GUIMARÃES, F. L. **Controle de Vetores**: Procedimentos de Segurança. Brasília: Funasa, 2010.

[83] III Conferência Nacional de Segurança Alimentar e Nutricional. **Por um desenvolvimento sustentável com soberania e segurança alimentar e nutricional.** Relatório final 2007. Disponível em: <http://www.planalto.gov. br/consea/3conferencia/static/documentos/relatoriofinal.pdf>. Acesso em: 11 jan. 2016.

[84] CONSEA. Conselho nacional de segurança alimentar e nutricional. **Os impactos dos agrotóxicos na segurança alimentar e nutricional: contribuições do consea**. Brasília. 2009. Disponível em: <http://www.contraosagrotoxicos.org/index.php/materiais/relatorios/os-impactos-dos-agrotoxicos-na-seguranca-alimentar-e-nutricional-contribuicoes-do-consea/download>. Acesso em: 11 jan. 2016.

mar, monitorar, fiscalizar e avaliar a realização do direito humano à alimentação adequada, assim como assegurar os meios para sua exigibilidade – instrumento para que as pessoas e grupos possam exigir a concretização de seus direitos.

Carneiro et al.[85] declaram no Dosiê Abrasco (Associação Brasileira de Saúde Coletiva) que um terço dos alimentos consumidos diariamente contém contaminação por agrotóxicos, segundo análise de amostras coletadas em todas as Unidades Federadas do Brasil, realizada pelo Programa de Análise de Resíduos de agrotóxicos em Alimentos (Para) da Agência Nacional de Vigilância Sanitária (Anvisa)[86].

O Para foi criado em 2001 e, a princípio, era um projeto que tinha como meta estruturar um serviço para avaliar e promover a qualidade dos alimentos e congêneres. Em 2003, o projeto converteu-se em programa, por intermédio da Resolução da Diretoria Colegiada – RDC 119/03, passando a ser desenvolvido anualmente na esfera do Sistema Nacional de Vigilância Sanitária[87].

O Para tem como função averiguar se os alimentos comercializados no varejo contêm níveis de resíduos de agrotóxicos dentro dos limites máximos de resíduos estabelecidos pela Anvisa e publicados em monografia específica para cada agrotóxico. Da mesma forma, permite conferir se os agrotóxicos utilizados estão adequadamente registrados no país e se foram administrados somente nas culturas para as quais foram autorizados. Além disso, tem como função estimar a exposição da população a resíduos de agrotóxicos em alimentos de origem vegetal e, consequentemente, avaliar o risco à saúde dessa exposição.

Os relatórios que o programa emite anualmente assinalam um dos principais indicadores da maneira irregular da utilização de agrotóxicos

---

[85] CARNEIRO, F. F. et al. **Um alerta sobre os impactos dos agrotóxicos na saúde**. Rio de Janeiro: Abrasco, 2012.

[86] ANVISA. **Programa de Análise de Resíduos de Agrotóxicos em Alimentos (Para) – Relatório de Atividades de 2009**. Disponível em: <http://portal.anvisa.gov.br/wps/content/Anvisa+Portal/Anvisa/Inicio/Agrotoxicos+e+Toxicologia/Assuntos+de+Interesse/Programa+de+Analise+de+Residuos+de+Agrotoxicos+em+Alimentos>. Acesso em: 10 dez. 2015.

[87] Idem.

em alimentos obtidos no mercado varejista e consumidos pela população. Devido às suas ações, o programa é reconhecido por diversos setores da sociedade e de todos os pares do SUS.

Os resultados obtidos desde 2001 exibem um diagnóstico do uso de agrotóxicos nas culturas abrangidas pelo Para. Assim sendo, são fornecidos subsídios ao poder público para a execução de ações de caráter regulatório, fiscalizatório e educativo.

Consoante o Para de 2009, em uma pesquisa realizada por essa instituição, foram analisados até 234 ingredientes ativos de agrotóxicos, dependendo da cultura analisada. Foram avaliados 20 alimentos: abacaxi, alface, arroz, banana, batata, beterraba, cebola, cenoura, couve, feijão, laranja, maçã, mamão, manga, morango, pimentão, pepino, repolho, tomate, uva. Os resultados encontrados apontam para as seguintes irregularidades: a presença de ingredientes ativos acima dos limites máximos permitidos, o que se verificou em 88 amostras; o uso de agrotóxicos não liberados para a cultura em 744 amostras e em 75 amostras a presença simultânea das duas irregularidades citadas anteriormente. No cômputo geral, 29% das amostras foram consideradas insatisfatórias[88].

Os resultados mais alarmantes, de acordo com as culturas analisadas, foram: pimentão com 80% das amostras insatisfatórias; uva 54,4% das amostras insatisfatórias; pepino com 54,8% e o morango com 50% das amostras insatisfatórias. A cultura da batata mostrou o melhor resultado com apenas 1,2% de irregularidades nas amostras pesquisadas. Foram encontradas, em grande quantidade, três substâncias em reavaliação no Brasil as quais são: endossulfan, presente nas amostras de pepino e pimentão; o acefato na cebola e cenoura e o metamidofós presente no pimentão, tomate, alface e cebola[89].

---

88 ANVISA. **Programa de Análise de Resíduos de Agrotóxicos em Alimentos (Para) – Relatório de Atividades de 2009**. Disponível em: <http://portal.anvisa.gov.br/wps/content/Anvisa+Portal/Anvisa/Inicio/Agrotoxicos+e+Toxicologia/Assuntos+de+Interesse/Programa+de+Analise+de+Residuos+de+Agrotoxicos+em+Alimentos>. Acesso em: 10 dez. 2015.

89 Idem.

O aumento da utilização de agrotóxicos na produção agrícola e a constatação da presença de resíduos dessas substâncias, acima dos níveis legais, têm levado a uma preocupação constante da população e da saúde pública no que concerne aos danos causados à saúde humana.

Por esses motivos, devemos estar alerta ao consumirmos alimentos que foram produzidos com a utilização de produtos químicos. O Para[90] alerta para o fato de que os agrotóxicos aplicados nas culturas agrícolas possuem a capacidade de penetrar no interior das folhas e polpas do vegetal. Por essa razão, o programa aconselha ao consumidor a lavagem e retirada de cascas e folhas externas, pois isso favorece a redução de resíduos agrotóxicos. Da mesma maneira, previnem para o consumo de alimentos da época, ou produzidos com técnicas de manuseio integrado de pragas que, de modo geral, recebem uma quantidade menor de produtos, diminuindo a exposição dietética a agrotóxicos.

Atentam, também, para o consumo de alimentos oriundos da agricultura orgânica ou agroecológica, além de aceitarem produtos de baixa toxicidade, auxiliam para a preservação de uma cadeia de produção ambientalmente sustentável.

Além disso, urge exigir das diversas esferas do governo investimento e organização para executar ações de controle e uso de agrotóxicos.

2.2 MONITORAMENTO DE SOLOS, ÁGUAS E SEDIMENTOS

A contaminação dos corpos hídricos e solos causa diversos debates na sociedade. Dentre as fontes de contaminação desses recursos naturais, tem-se a atividade agrícola, por meio do uso de fertilizantes e agrotóxicos.

Os efeitos da exposição a agrotóxicos não atingem apenas os trabalhadores rurais, mas a população como um todo, pois esses produtos se dispersam pelo ar e são carregados por meio do solo, representando um risco para a qualidade da água e do solo em regiões próximas a áreas agrícolas.

---

90 Idem.

Resíduos desses micropoluentes[91] podem permanecer no ambiente por longos períodos e causar impactos danosos a diferentes ecossistemas. Nessa conjuntura, o monitoramento desses compostos em diferentes matrizes como ar, água, solo, sedimento e alimentos se torna de extrema importância para que problemas de saúde pública sejam minimizados e/ou evitados[92].

Tendo em vista esse contexto, esforços significativos vêm sendo realizados para o desenvolvimento de métodos eficientes que possibilitem a análise multirresíduo de agrotóxicos, visto que o estudo da ocorrência desses produtos químicos em sedimentos fornece informação a respeito da contaminação do corpo hídrico receptor[93].

Os mesmos autores demonstram em seus estudos práticos e teóricos, como a técnica da cromatografia gasosa bidimensional abrangente (GC × GC) foi eficaz para a análise de agrotóxicos em nível de traços em matrizes complexas, nesse caso, em sedimentos. Além disso, os valores encontrados para os limites de detecção e quantificação comprovam a grande sensibilidade da técnica.

> O método em questão pode ser empregado por laboratórios de instituições governamentais de fiscalização ou por outros laboratórios prestadores de serviço, contribuindo assim para obtenção de informações relevantes sobre estes compostos no meio ambiente ou sobre um possível mau gerenciamento de sua aplicação nas lavouras. Informações obtidas por métodos analíticos como este podem minimizar riscos de poluição do meio ambiente e, também, riscos à saúde da população.[94]

[91] Micropoluentes ou Microcontaminantes: são substâncias orgânicas ou minerais cujas propriedades duradouras, biocumulativas e tóxicas podem apresentar consequências danosas para o meio ambiente e/ou organismos.

[92] FLORES, A. V. et al. Organoclorados: um problema de saúde pública. **Ambiente & Sociedade**, Campinas, v. 7, n. 2, p. 111-124, 2004.

[93] SILVA, J. M.; ZINI, C. A.; CARAMAO, E. B. Aplicação da cromatografia gasosa bidimensional abrangente com microdetector de captura de elétrons para determinação de agrotóxicos em sedimentos. **Química Nova**, São Paulo, v. 34, n. 6, p. 962-967, 2011.

[94] Idem. p. 966.

A contaminação dos recursos hídricos por esses microcontaminantes é ainda mais problemática, já que atinge diretamente a biota aquática que fica exposta a essas substâncias tóxicas, gerando mudanças significativas nos organismos das espécies ou até mesmo a morte. Se o veneno que chega às águas for o herbicida, por exemplo, o efeito direto será na flora desse ecossistema, se a contaminação for por um veneno que mata animais, vai agir diretamente na fauna. O humano pode ser atingido indiretamente consumindo peixes contaminados, dessa maneira, sofrendo algum tipo de intoxicação, isso sem levar em conta o consumo direto da água poluída.

Pela água ou por meio do próprio consumo de alimentos, a ingestão de venenos agrícolas pode ocasionar diversos tipos de doenças, seja ela em grandes ou pequenas quantidades. Dependendo do tipo de veneno, os efeitos para a saúde humana são morte, envenenamento estomacal, problemas no sistema nervoso, convulsões, lesões nos rins e cânceres. Esse efeito pode ser agudo, imediato ou crônico, a curto, médio ou longo prazo. As consequências podem aparecer também nos filhos e netos dessa pessoa, principalmente quando se trata das doenças cancerígenas e tumores.

Arias et al.[95] obtiveram bons resultados no estudo da utilização de bioindicadores[96] na avaliação de impacto e no monitoramento da contaminação de rios e córregos por agrotóxicos. A partir da análise desses bioindicadores, puderam avaliar os efeitos biológicos da contaminação em diversos níveis hierárquicos desses micropoluentes, já que a simples mensuração dos níveis de substâncias químicas presentes no ambiente não é suficiente para revelar os reais efeitos adversos da contaminação.

Os mesmos autores afirmam que o estudo de bioindicadores relacionando diferentes níveis de organização possibilita o entendimento sobre a que nível a substância poluente interage com o organismo, e a que nível esse

[95] ARIAS, A. R. L. et al. Utilização de bioindicadores na avaliação de impacto e no monitoramento da contaminação de rios e córregos por agrotóxicos. **Ciências e saúde coletiva**, Rio de Janeiro, v. 12, n. 1, p. 61-72, mar. 2007.

[96] São definidos como componentes biológicos, células, processos bioquímicos, estruturas e funções biológicas, alteradas quando em contato com compostos xenobióticos.

é mais suscetível à ação daquele, proporcionando um conhecimento mais preciso da qualidade ambiental do meio aquático (uma vez que permitirá estabelecer o efeito tóxico real que a contaminação exerce sobre as populações). Os estudos de trabalhos como esse são essenciais para planejar "estratégias eficazes que permitam recuperar a biodiversidade dos ecossistemas aquáticos, produzindo dados confiáveis que possibilitarão a implementação de medidas adequadas para sua proteção e/ou recuperação"[97].

Silva et al.[98] utilizaram a cromatografia líquida de alta eficiência (Clae) para quantificar a capacidade de um composto orgânico em reduzir a persistência de um tipo de herbicida em diferentes tipos de solos brasileiros largamente utilizado na produção agrícola. Com seus estudos, conseguiram concluir que a espécie *Eleusine coracana* é eficiente na remediação de solos poluídos por esse agrotóxico, evidenciando o potencial de uso dela em programas de fitorremediação de áreas contaminadas e redução do risco de impacto ambiental.

A fitorremediação é uma ciência na qual se usam plantas para diminuir poluentes do meio ambiente. As plantas auxiliam na remoção de microcontaminates como alguns tipos de agrotóxicos. Uma vez que as plantas removem esses contaminantes do ambiente, elas ajudam para que eles não sejam transportados por vento e chuva, não deixando acontecer a dispersão do poluente para outras áreas. Desse modo, têm-se buscado alternativas na despoluição de áreas contaminadas por compostos orgânicos; as estratégias propostas devem apresentar eficiência na remoção dos contaminantes, simplicidade na execução, ação em tempo adequado e menor custo[99]. Algumas plantas são capazes de remover poluentes orgânicos e inorgânicos, retirando-os do ambiente e convertendo-os em metabólitos menos tóxicos que se acumulam nos tecidos delas, sendo um processo mais barato e menos destrutivo que a remediação química ou física, embora mais demorado[100].

---

[97] ARIAS, A. R. L. et al. Utilização de bioindicadores na avaliação de impacto e no monitoramento da contaminação de rios e córregos por agrotóxicos. **Ciências e saúde coletiva**, Rio de Janeiro, v. 12, n. 1, p. 61-72, mar. 2007. p. 70.

[98] SILVA, L. O. C. et al. Ação de Eleusinecoracana na remediação de solos contaminados com picloram. **Planta daninha**, Viçosa, v. 30, n. 3, p. 627-632, set. 2012.

[99] Idem.

[100] KAWAHIGASHI, H. Transgenic plants for phytoremediation of herbicides. **Current Opinion in Biotechnology**, USA, v. 20, n. 2, p. 225-230, 2009.

O monitoramento constante e cada vez mais conciso para detectar e quantificar um número cada vez maior de agrotóxicos no meio ambiente é fundamental para o crescimento de estudos científicos e para minimizar e até mesmo evitar problemas ambientais causados por esses micropoluentes. Assim sendo, a presente obra mostrou alguns exemplos de práticas e estudos que são capazes de monitorar alguns tipos de agrotóxicos em diferentes matizes ambientais, demonstrando como se pode ampliar e até mesmo melhorar técnicas analíticas existentes por meio da pesquisa e da divulgação. Dessa maneira, os profissionais da Química Analítica poderão desenvolver metodologias cada vez mais sensíveis e seletivas que apresentem limites de detecção cada vez menores e mais precisos.

A diminuição do uso de agrotóxicos e o desenvolvimento de práticas agrícolas sustentáveis devem ser estimulados, pois contribuirão para a manutenção da capacidade produtiva, conservação do ambiente e a minimização dos efeitos negativos desses compostos na saúde humana.

2.3 MÉTODOS ALTERNATIVOS PARA UMA AGRICULTURA SUSTENTÁVEL

A agricultura sustentável, cada vez mais, ganha espaço na atualidade devido às graves consequências dos agrotóxicos ao meio ambiente e à saúde humana. Segundo Ghini e Bettiol: "O conceito de agricultura sustentável envolve o manejo adequado dos recursos naturais, evitando a degradação do ambiente de forma a permitir a satisfação das necessidades humanas das gerações atuais e futuras".[101]

Para os autores, esse aspecto modifica as características dos sistemas convencionais de agricultura no que diz respeito à utilização de fontes não renováveis, principalmente de energia e altera a visão acerca dos níveis adequados do balanço entre a produção de alimentos e os impactos no ambiente. As mudanças envolvem a diminuição da dependência de produtos

[101] GHINI, R.; BETTIOL, W. Proteção de plantas na agricultura sustentável. **Cadernos de Ciência & Tecnologia**, Brasília, v. 17, n. 1, p. 61-70, jan. /abr. 2000. p. 62.

químicos e outros insumos energéticos e a maior utilização de processos biológicos nos sistemas agrícolas.

Existem vários métodos alternativos para que se tenha uma produção agrícola sustentável e, consequentemente, a diminuição da utilização e/ou uso inadequado dos agrotóxicos. A seguir, exemplificarei alguns procedimentos desse tipo de cultivo e seus benefícios para a humanidade.

2.3.1 O sistema de plantio direto em agricultura orgânica

É um tipo de tecnologia conservacionista, tendo um desenvolvimento acentuado a partir de 1990 no Brasil e, desde então, está sendo muito disseminado por agricultores. Essa técnica dispõe, nos dias de hoje, de sistemas adequados a diferentes regiões e a diferentes níveis tecnológicos.

Segundo Darolt[102], na realidade, a solução mais adequada para atender às determinações de sustentabilidade seria a prática do plantio direto, tendo em vista os princípios orgânicos. Muitos agricultores que utilizam o plantio direto com o objetivo de diminuir o uso de agrotóxicos aproximam-se, de certa forma, do ideário da agricultura orgânica. Para se tornarem efetivamente orgânicos, será preciso que a unidade de produção passe por um período de conversão, que é o processo de mudança do manejo convencional para o orgânico. De acordo com a normatização brasileira, para que um produto possa ter a denominação de orgânico, deverá ser oriundo de um sistema em que tenham sido aplicados os princípios estabelecidos pelas normas orgânicas por um período variável, tendo em vista a utilização anterior da unidade em produção e a situação ecológica atual, conforme as análises e avaliações das respectivas instituições certificadoras.

Com o intuito de evitar abusos e distorções, as normas brasileiras estabelecem um período mínimo para a produção vegetal de culturas anuais, como oleícolas e cereais, por exemplo, de um ano sob manuseio orgânico. No caso de culturas perenes, a propriedade deverá cumprir um período

---

[102] DAROLT, M. R. **As Dimensões da Sustentabilidade: Um estudo da agricultura orgânica na região metropolitana de Curitiba-PR**. 310f. 2000. Tese (Doutorado) – Meio Ambiente e Desenvolvimento – Universidade Federal do Paraná/Paris VII, Curitiba, 2000.

de 18 meses em manejo orgânico. Para atender à legislação do mercado internacional, o prazo é maior, sendo dois anos para culturas anuais e um período de conversão de três anos para culturas perenes. Salienta-se que os períodos de conversão citados poderão ser ampliados pela certificadora em função do uso anterior e da situação ecológica da propriedade.

O obstáculo técnico do período de conversão é o chamado controle das infestantes. As infestantes devem ser manuseadas como parte integrante do sistema. Desse modo, o objetivo não é extingui-las, contudo definir o princípio econômico da infestação e entender os fatores que prejudicam o equilíbrio entre infestantes e culturas comerciais. É importante que se perceba que em agricultura orgânica evita-se a utilização do termo "planta daninha", uma vez que todas as plantas teriam uma função a ser realizada na natureza.

Na agricultura orgânica, não há receitas já prontas, pois cada safra, tendo em vista variáveis como clima, nível de infestação, quantidade de cobertura, variedade utilizada, mercado etc., pode ter a estratégia de controle das infestantes alterada.

De acordo com Embrapa[103], o Sistema de Plantio Direto, a princípio, exige cuidados na sua implantação, entretanto, depois de instalado, suas vantagens relacionam-se não somente ao solo, como também ao rendimento das culturas, promovendo uma maior competitividade dos sistemas agropecuários. Com o método do plantio direto, há uma enorme redução da erosão, reduzindo, da mesma forma, o potencial de contaminação do meio ambiente e oferece ao agricultor maiores ganhos, uma vez que a estabilidade da produção é aumentada, se comparada aos métodos tradicionais de manejo do solo.

Para os autores, os benefícios em relação aos atributos físicos, químicos e biológicos do solo são evidentes e se pode assegurar que o Sistema de Plantio Direto é uma ferramenta primordial para se atingir a sustentabilidade dos sistemas agropecuários.

---

103 EMBRAPA. **Agência Embrapa de informação tecnológica**. Disponível em: <http://www.agencia.cnptia.embrapa.br/gestor/milho/arvore/CONTAG01_72_59200523355.html>. Acesso em: 11 jan. 2016.

O plantio direto é realizado sem as etapas da preparação convencional da aração e da gradagem. Utilizando-se essa técnica, é preciso que se preserve o solo sempre coberto por plantas em desenvolvimento e por resíduos vegetais. Essa cobertura possui o objetivo de preservar o solo do impacto direto das gotas da chuva, do escorrimento superficial e das erosões hídrica e eólica. O plantio direto é considerado como uma forma de plantio mínimo, já que o preparo do solo é restrito ao sulco de semeadura, procedendo-se à semeadura, à adubação.

No sistema orgânico, quando se fala em adubação o que se quer atingir não é somente a nutrição da planta, mas em especial a melhoria da alimentação do solo e do sistema. A fertilização orgânica baseia-se na matéria orgânica e em fertilizantes minerais pouco solúveis. O aporte de elementos fundamentais (P, K, Ca, Mg) é realizado com a utilização de farinha de ossos, rochas moídas, semi-solubilizadas ou tratadas termicamente (fosfatos naturais, sulfato de potássio etc.), também se estimula o uso de calcário. Para os micropoluentes (Bo, Fe, Zn, Cu, Mn etc.), utiliza-se a forma quelatizada, por meio da fermentação da matéria-prima em solução de água, esterco e aditivos energéticos, conhecidos como biofertilizantes.

Em geral, os métodos empregados para o manejo de pragas e doenças no sistema orgânico podem ser resumidos em três grandes pontos: 1) aumento da resistência das plantas (manejo adequado, espécies adaptadas e biofertilizantes); 2) controle biológico e uso de feromônios; 3) proteção física, repelentes e tratamentos curativos à base de produtos naturais.

Em relação ao manuseio das infestantes em sistema orgânico, o princípio da prevenção deve ser privilegiado. Dessa maneira, é recomendada a utilização de ações que evitem a ressemeadura de invasoras; também é recomendada a manutenção de certa quantidade de palha, o uso de plantas que tenham o efeito alelopático, o plantio em época adequada, a utilização de máquinas que permitam um bom corte de palha (com pouco revolvimento de solo na linha e deposição da semente em contato com o solo) e evitar períodos de pousio entre as culturas[104]. Assim sendo, o

[104] SKORA NETO, F. Manejo de plantas daninhas. In: IAPAR. Plantio direto. **Pequena Propriedade Sustentável**. Iapar, Ponta Grossa, PR (Circular 101). p. 127-157. 1998.

método químico é substituído, na maioria das vezes, por métodos manuais combinados com mecânicos.

2.3.2 A proteção de plantas

Esse método compreende o controle de doenças, pragas e plantas invasoras, tendo como finalidade a redução dos danos advindos desses problemas fitossanitários às culturas. As técnicas utilizadas para a proteção de plantas podem ser identificadas como métodos genéticos, físicos, culturais e biológicos.

Para Ghini e Bettiol[105], os métodos convencionais, por intermédio da utilização de pesticidas, possuem características muito atrativas, já que existe simplicidade, previsibilidade e necessidade de um mínimo de compreensão acerca dos processos básicos do agroecossistema para sua aplicação. Como exemplo, para se conseguir sucesso com a aplicação de determinado herbicida de amplo espectro é necessário que se conheça como aplicar o produto, exigindo-se pouco conhecimento a respeito da ecologia e da fisiologia de espécies.

A recuperação dos princípios e mecanismos que operam nos sistemas da natureza pode auxiliar a obtenção de sistemas agrícolas mais sustentáveis[106]. Sabe-se que os sistemas de cultivos caracterizados pela mistura de culturas (policulturas ou consórcios) apresentam muitas vantagens na proteção de plantas. A presença de insetos-praga é menor nas policulturas do que nas monoculturas. Diversos mecanismos que reduzem a ocorrência de doenças agem de forma positiva na proteção de plantas das policulturas. Um exemplo a ser citado são as espécies suscetíveis que podem ser cultivadas em menores densidades, uma vez que o espaçamento entre elas será ocupado por plantas resistentes que são de interesse de quem produz. A menor densidade de plantas suscetíveis e a barreira oferecida pelas plantas resistentes trazem dificuldades na disseminação do patógeno[107], diminuindo

[105] GHINI, R.; BETTIOL, W. Proteção de plantas na agricultura sustentável. **Cadernos de Ciência & Tecnologia**, Brasília, v. 17, n. 1, p. 61-70, jan. /abr. 2000.

[106] REIJNTJES, C.; HAVERKORT, B.; WATERS-BAYER, A. **Farming for thefuture:** an introduction to low-external-input and sustainable agriculture. Leusden: Ileia, 1992.

[107] Causador ou micro-organismo específico que provoca doenças.

a quantidade de inóculo[108] no campo[109]. Obtém-se efeito semelhante com a utilização de multilinhas que são a mistura de linhagens agronomicamente parecidas, mas que se diferenciam por apresentarem genes diversos de resistência vertical. Esse processo aumenta a diversidade no espaço e, também, no tempo, por meio da rotação de culturas, fazendo com que os processos biológicos auxiliem na proteção das plantas.

2.3.3 Utilização de feromônios na agricultura

A partir do momento em que o homem substituiu o extrativismo pelo cultivo de plantas, tendo como objetivo a produção de alimentos para satisfazer as necessidades de uma população cada vez mais crescente, o problema com os insetos acentuou-se. Sabe-se que uma espécie de inseto se torna praga agrícola quando sua população cresce desenfreadamente. Esse crescimento sem limites ocorre, basicamente, tendo em vista quatro componentes: oferta de alimento, alta taxa reprodutiva, hábito alimentar polífago e ausência de inimigos naturais.

Nas florestas, não há insetos-pragas, uma vez que existe muita diversidade vegetal. Com uma diversidade, é impossível o crescimento sem limites de espécies de insetos, uma vez que o alimento é disperso e há, sempre, inimigos naturais.

No que diz respeito ao ambiente agrícola ou agroecossistema, a diversidade é diminuída, o monocultivo em enormes espaços auxilia o desaparecimento de diversas espécies de insetos, em especial os herbívoros monófagos ou especializados os quais se alimentam de uma única fonte de alimento vegetal. Dessa maneira, diminuindo a diversidade de insetos herbívoros, também se reduz a diversidade de inimigos naturais e é nessa ocasião que se instala o inseto-praga. De forma geral, o inseto-praga é uma espécie polífaga, que começa a se nutrir da espécie vegetal que está sendo

---

108 O patógeno ou parte do patógeno capaz de causar infecção. A parte ou porção do patógeno que entra em contato com o hospedeiro.

109 LIEBMAN, M. Sistemas de policulturas. In: ALTIERI, M. A. **Agroecologia**: as bases científicas da agricultura alternativa. Rio de Janeiro: PTA/Fase, 1989.

cultivada. Essa espécie de insetos reproduz-se rapidamente e em grande escala e tem a seu favor a quase total ausência de depredadores. Num ambiente assim, em que existe uma grande oferta de alimento e ausência de fatores que impeçam a proliferação desse tipo de inseto, o crescimento populacional dessa espécie torna-se praticamente sem controle.

Assim sendo, para que não se utilizem agrotóxicos desmedidamente, o uso de semioquímicos e, em particular, feronômios sexuais tem-se destacado.

De acordo com Zarbin et al.[110], os insetos desempenham suas relações ecológicas com o ambiente e outros organismos de diferentes modos, sendo que um dos mais importantes é a comunicação por intermédio de compostos químicos. Esses compostos no indivíduo receptor da mensagem química atuam como gatilhos fisiológicos de reações comportamentais específicas. Em uma nomenclatura mais generalista, essas substâncias são chamadas de semioquímicos. A palavra semioquímico tem origem grega, e semeîon quer dizer sinal. Assim sendo, são denominados semioquímicos (sinais químicos) os compostos usados na intermediação entre os seres vivos. Os semioquímicos apresentam duas classificações; a primeira delas está relacionada à espécie do emissor e do receptor do sinal químico; já a segunda, relaciona-se aos resultados advindos dessa comunicação.

Quando os compostos medeiam o que se denomina de comunicação intraespecífica, ou seja, emissor e receptor do sinal químico são da mesma espécie, esse semioquímico é chamado de feronômio. Entretanto, quando esses componentes intermedeiam comportamentos de indivíduos de espécies diferentes, relação denominada interespecífica, essas substâncias são classificadas como aleloquímicos.

Feronômios são substâncias químicas secretadas por um indivíduo e que permitem a sua comunicação com outros indivíduos da mesma espécie. A mensagem química transmitida pelos feronômios possui a finalidade de motivar determinado comportamento. É por intermédio da detecção e emissão desses compostos que os insetos encontram parceiros para o aca-

[110] ZARBIN, P. H. G.; RODRIGUES, M. A. C.; LIMA, E. R. Feromônios de insetos: tecnologia e desafios para uma agricultura competitiva no Brasil. **Química Nova**, São Paulo, v. 32, n. 3, p. 722-731, 2009.

salamento, alimento ou presa, escolhem local de ovoposição, defendem-se contra predadores e organizam suas comunidades, no caso de insetos sociais. Os feronômios mais estudados são os sexuais, pois apresentam uso agrícola.

A agricultura utiliza esses feronômios sexuais com a finalidade de deixar as plantações livres de alguns insetos. Essa ação é realizada usando o isômero correto do feronômio em laboratório e utilizando-o em armadilhas como isca para atrair os insetos e dificultar sua proliferação. Esse método tem muitas vantagens econômicas e ecológicas, pois essas substâncias são inofensivas ao ser humano e evitam o uso de inseticidas, preservando o meio ambiente.

O controle de insetos-praga foi sendo utilizado e aprimorado até se conseguir o que é considerado o modelo mais adequado, chamado de Manejo Integrado de Pragas (MIP). O MIP é caracterizado como uma abordagem sistemática à proteção de uma cultura agrícola específica, evidencia que a concentração de informações ajuda a melhorar o processo de decisão, com o objetivo de diminuir a aquisição de insumos e reduzir os efeitos sociais, econômicos e ambientais do processo de controle da praga alvo.

Faria[111] acredita que o MIP faz parte da proposta de agricultura sustentável com a aplicação de métodos não químicos ou alternativos, tais como feromônios, controle biológico, erradicação de hospedeiros alternativos e retirada das partes vegetais afetadas.

No MIP, há a possibilidade de se utilizarem as armadilhas com feronômio para identificar quando a população do inseto-praga alcançou o nível de prejuízo econômico. A sua finalidade é delimitar de forma mais pontual o momento de controle e limitar o uso desnecessário de inseticida, fazendo com que sejam utilizados apenas quando forem estritamente necessários. As armadilhas de feronômio são eficientes em proporcionar um alerta rápido de incidência do inseto. Da mesma forma, as armadilhas são úteis para caracterizar a distribuição do inseto na área e no tempo. Nesse tipo de monitoramento, a fonte de atração geralmente é um feronômio sexual sintético.

---

[111] FARIA, N. M. X. Modelo de desenvolvimento, agrotóxicos e saúde: prioridades para uma agenda de pesquisa e ação. **Rev. bras. saúde ocup.**, São Paulo, v. 37, n. 125, p. 31-39, jun. 2012.

A utilização mais usual de feronômio é para controlar a presença e a densidade da praga no cultivo, a fim de que a interferência seja exata e com o menor custo econômico e ambiental possíveis. Para isso, utiliza-se o que se chama coleta em massa. Na coleta em massa, o feronômio é usado como atrativo do inseto para um recipiente de contenção, com o objetivo de eliminar ou reduzir o inseto-praga no cultivo. Nesse processo, são utilizadas grandes quantidades de armadilhas, visando à captura do maior número possível de indivíduos.

Outro procedimento realizado é a confusão sexual. Da mesma forma que a coleta em massa, esse procedimento de uso de feronômio é, também, um método de controle. O conceito de confusão sexual, confundimento ou ainda interrupção de acasalamento, está centrado na interferência ou impedimento de transmissão de sinais entre os parceiros sexuais. Isso ocorre com a liberação de uma quantidade maior de feronômio sintético na área em que se quer o controle, com o intuito de reduzir ou impedir os insetos de localizar seu respectivo parceiro e, assim sendo, reduzir o acasalamento e, consequentemente, sua proliferação.

Como se pode observar, existem alternativas para a não utilização de agrotóxicos ou a redução do seu uso. Sabe-se que na agricultura orgânica os processos biológicos substituem os insumos tecnológicos, dessa forma as práticas de monoculturas controladas no uso intensivo de fertilizantes sintéticos e de agrotóxicos da agricultura convencional são substituídas, na agricultura orgânica, pela rotação de cultura, diversificação, consórcios, entre outras ações.

Essa prática agrícola está preocupada com a saúde dos seres humanos, dos animais e das plantas, por isso deve, cada vez mais, ser difundida e utilizada.

3

A EDUCAÇÃO AMBIENTAL

Nos últimos 45 anos, importantes eventos mundiais marcaram a trajetória da EA, como a Conferência de Estocolmo, discussão do desenvolvimento e ambiente, conceito de ecodesenvolvimento em 1972; a Unesco, em colaboração com o Programa das Nações Unidas para o Meio Ambiente, criou o Programa Internacional de Educação Ambiental (Piea), em Belgrado no ano de 1975; em 1977 ocorreu um dos eventos mais importantes para a EA em nível mundial: a Conferência Intergovernamental em EA, em Tblisi na Geórgia; em 1987 realizou-se o Congresso Internacional sobre EA e Formação Relativas ao Meio Ambiente, em Moscou, capital da Rússia; a Conferência das Nações Unidas sobre o Meio Ambiente e Desenvolvimento, ECO-92, realizada no Rio de Janeiro, Brasil em 1992; em 2002 realizou-se, em Johanesburgo, África do Sul, o Encontro da Terra, também denominado Rio+10, que teve a finalidade de avaliar as decisões tomadas na Conferência do Rio, em 1992[112]. Atualmente, a Conferência das Nações Unidas sobre Desenvolvimento Sustentável, a Rio+20, foi realizada em 2012, na cidade do Rio de Janeiro. A Rio+20 foi assim conhecida porque marcou os 20 anos de realização da Conferência das Nações Unidas sobre Meio Ambiente e Desenvolvimento (Rio-92) e contribuiu para definir a agenda do desenvolvimento sustentável para as próximas décadas[113].

Desde a promulgação da Lei de Diretrizes e Bases da Educação Nacional – LDB 9394/96, a EA é estabelecida como um dos princípios educativos a serem considerados na elaboração das organizações curriculares[114].

---

112 MORADILIO E. F; OKI, M. C. M. Educação ambiental na universidade: construindo possibilidades. **Química Nova**, São Paulo, v. 27, n. 2, p. 332-336, 2004.

113 LAYRARGUES, P. P. Educação ambiental no Brasil: o que mudou nos vinte anos entre a Rio 92 e a Rio+20. **ComCiência**, Campinas, n. 136, mar. 2012. Disponível em: <http://comciencia.scielo.br/scielo.php?script=sci_arttext&pid=S1519-76542012000200009&lng=es&nrm=iso>. Acesso em: 11 jan. 2016.

114 BRASIL. **Lei n.º 9.394, de 20 de dezembro de 1996.** Estabelece as Diretrizes e Bases da Educação Nacional.

Há mais de uma década, a Lei Federal n.º 9.795/99 normatiza que a Educação Ambiental deve estar presente na proposta pedagógica das escolas em todos os níveis de ensino[115]. A referida lei normatiza que educação ambiental seja um processo fundamentado nos princípios do respeito à coletividade, à sustentabilidade e à preservação do ambiente[116]. Coletividade, pois se considera que os indivíduos estão em interação com o ambiente do qual fazem parte, logo há a necessidade de conservação dos recursos necessários à preservação da vida. Para tanto, o conceito de sustentabilidade tem caráter convergente a essa compreensão, pois visa desenvolver a consciência crítica do cidadão sobre a complexidade das relações socioambientais. Essa legislação, ainda, descreve que a EA não deve ser trabalhada como uma disciplina específica, mas que é obrigatório estar presente em todos os níveis e modalidades de ensino formal. Dessa forma, o processo educativo formal e não formal precisa trabalhar o tema de forma integrada e contínua com as diferentes áreas do conhecimento[1].

Corroborando essas orientações, têm-se as atuais Diretrizes Curriculares Nacionais para o Ensino Médio[2], Resolução n.º 02, de 30 de janeiro de 2012, da Câmara de Educação Básica (CNE) do Conselho Nacional de Educação (CNE) do Ministério da Educação (MEC). Essas Diretrizes definem nos artigos 5.º, 10.º, 13.º e 16.º que a temática ambiental deve ser desenvolvida de forma transversal em todo o currículo, visando a uma prática educativa integrada e que desenvolva aspectos conceituais, procedimentais e atitudinais direcionados ao respeito e à preservação do ambiente[117].

Nesse âmbito, a EA surge como um conjunto de práticas educacionais, procurando inserir uma nova consciência ecológica em todas as disciplinas do currículo escolar. As práticas de EA não devem apenas transmitir conhecimentos sobre o meio ambiente, mas também mudança de comportamentos e atitudes, determinação para a ação e a busca de soluções para os problemas

---

115 Idem. **Lei n.º 9795, de 27 de abril de 1999**. Dispõe sobre a educação ambiental. Institui a Política Nacional de Educação Ambiental e da outras providências.

116 Idem.

117 BRASIL. Ministério da Educação. Conselho Nacional de Educação. **Resolução CEB n.º 02, de 30 de janeiro de 2012**. Define as Diretrizes Curriculares Nacionais para Ensino Médio.

ambientais[118]. É nesse ponto que a EA proporciona a formação crítica e consciente do cidadão, visto que esse é considerado como parte do meio ambiente.

Dou aquiescência a Pereira[119] no que diz respeito à EA, quando o autor esclarece que essa precisa disponibilizar experiências que viabilizem os cidadãos a estarem continuamente em contato com o mundo, além de torná-los sensíveis para os ecossistemas ao seu redor. Ademais, segundo o estudioso, é necessário debater o cuidado que se deve ter com o ambiente para a saúde e o bem-estar do homem e para o exercício da cidadania e, da mesma forma, avaliar o desenvolvimento econômico associado à devastação ambiental e à qualidade de vida e aprimorar no educando o sentido ético-social no que tange aos problemas ambientais.

Afora isso, acredito que a prática da EA se depara com dificuldades relacionadas à carência de recursos, à desvalorização dos docentes, à falta de interação da comunidade nas deliberações e nos projetos escolares, estando tudo isso interligado à austeridade estrutural da maioria das escolas. Além do mais, sabe-se que as práticas pedagógicas estão relacionadas a uma visão "conteudista" na qual se sobressai o ensino tradicional[120], o despreparo dos professores e critérios de avaliação nos quais prevalecem falta de criatividade e uma visão não processual.

Creio que a EA pode possibilitar aos indivíduos colocar em prática os princípios do ecodesenvolvimento[121], principalmente com trabalhos teóricos e uma elaboração de estratégias conceituais que apoiem práticas

---

[118] CASSIANO, K. F. D.; ECHEVERRÍA, A. R. Abordagem Ambiental em Livros Didáticos de Química: Princípios da Carta de Belgrado. **Química Nova**, São Paulo, v. 36, n. 3, p. 220-230, 2014.

[119] PEREIRA, A. B. **Aprendendo Ecologia através da Educação Ambiental**. Porto Alegre: Sagra Luzatto, 1993.

[120] Os métodos tradicionais de ensino podem originar vários problemas. A insistência na imitação, obediência e repetição, muito frequente nesses métodos, conduzem a uma negligência das capacidades criativas individuais em detrimento de competências que são puramente mecânicas e repetitivas. Abandonar essa concentração rígida no intelecto humano a favor de uma pessoa holística que deve ser encorajada, fortalecida e motivada aumentaria imensamente as capacidades dessa pessoa.

[121] O ecodesenvolvimento define-se como um processo criativo de transformação do meio com a ajuda de técnicas ecologicamente prudentes, concebidas em função das potencialidades desse meio, impedindo o desperdício inconsiderado dos recursos, e cuidando para que esses sejam empregados na satisfação das necessidades de todos os membros da sociedade, dada a diversidade dos meios naturais e dos contextos culturais.

socioambientais orientadas a construir saberes ambientais para alcançar os propósitos do desenvolvimento sustentável e igualitário.

De acordo com Guimarães[122], a noção de que o ser humano domina a natureza não tem valor perante a ideia de que o homem é a natureza, ou seja, ele se autodestruiria prejudicando o meio ambiente. Tentando conscientizar as pessoas desse pensamento, dá-se grande seriedade à ação participativa, atuante do educando/educador na construção de conhecimentos de EA, "envolvendo-se integralmente, domínio afetivo e cognitivo, com a realidade apresentada, vivenciando-a criticamente para atuar na construção de uma nova realidade desejada"[123]. Assim, é possível mensurar a importância do papel do educador nesse processo, no qual ele necessitará de uma preparação para que possa utilizar os conceitos da EA de maneira a promover uma aprendizagem que propicie ao educando confrontar criticamente diferentes valores em busca de uma síntese pessoal que refletirá em novas atitudes. O mesmo autor mostra a necessidade de uma relação harmoniosa por parte do ser humano com o meio natural, já que:

> Com a evolução da humanidade, os seres humanos vieram isolando-se em sua relação com a natureza; dominou-se o meio ambiente colocando-o a serviço do homem. Uma postura desarmônica que desencadeou nos dias de hoje o desequilíbrio ambiental em nível planetário; vide efeito estufa, destruição da camada de ozônio, contaminação das águas oceânicas, continentais e atmosféricas entre muitos outros problemas que não se restringem mais apenas a uma localidade.[124]

Contribuir para a constituição de uma atitude ecológica caracteriza a principal aspiração da EA. Esse tipo de educação deve oferecer um ambiente de aprendizagem social e individual no sentido mais profundo da experiência de aprender. Uma aprendizagem em seu sentido mais amplo a qual seja muito mais do que métodos ditos "tradicionais", que apenas promovem conteúdos e informações. A EA deve gerar métodos de formação humana do sujeito humano

---

[122] GUIMARÃES, M. Educação Ambiental pra quê? In: SENAC. **Educação ambiental: temas, teoria e prática**. Rio de Janeiro: Senac Nacional, 2008.

[123] Ibidem. p. 1.

[124] Ibidem. p. 2.

instituindo novas formas de ser, de entender, de posicionar-se ante os outros e a si mesmo, enfrentando os desafios e as crises do tempo em que vivemos.

Por tudo isso, verifico como a complexidade da questão ambiental necessita de ensinamentos de diferentes disciplinas trabalhadas simultaneamente por esses e por outros fatores como: as interações entre ambiente, cultura e sociedade, o caráter crítico, político, contínuo e permanente.

3.1 A TEMÁTICA AMBIENTAL NA QUÍMICA

Sobre os conhecimentos de EA, os Parâmetros Curriculares Nacionais para o Ensino Médio (Pcnem) orientam que esses sejam contemplados nos componentes curriculares das três grandes áreas, visto que a complexidade das questões ambientais ultrapassa as barreiras das disciplinas. Nas orientações para a Química, um dos componentes da área Ciências da Natureza, Matemática e suas Tecnologias, a ênfase da temática de interesse deste livro (agrotóxicos) é integrada à discussão sobre as propriedades da matéria e as interações do homem com a atmosfera[125].

Os PCN+, denominados como Orientações Educacionais Complementares aos Parâmetros Curriculares Nacionais sugerem, quanto aos agrotóxicos, que o trabalho esteja associado à competência: representação e comunicação, como a leitura e interpretação de textos científicos, de jornais e de outros meios de comunicação sobre a utilização de agrotóxicos e outros tipos de poluentes[126].

Em 2006 foram lançadas, pela Secretaria da Educação Básica do MEC, as Orientações Curriculares para o Ensino Médio, com o objetivo de apresentar um conjunto de reflexões sobre alternativas didático-pedagógicas para a organização do trabalho em sala de aula, visando atender às necessidades e às expectativas das escolas e dos professores na estruturação do currículo

[125] BRASIL. Ministério da Educação. Secretaria da Educação Média e Tecnológica. **Parâmetros curriculares nacionais**: ensino médio. Brasília: MEC/Semtec, 1999.

[126] BRASIL. Ministério da Educação. Secretaria da Educação Média e Tecnológica. **PCN+ Ensino Médio**: Orientações Educacionais complementares aos parâmetros curriculares nacionais. Brasília: MEC/Semtec, 2002.

para o ensino médio[73]. Sobre a abordagem metodológica para o ensino de Química, o documento orienta o trabalho articulado dos conteúdos químicos aos aspectos sociocientíficos oriundos de questões ambientais, econômicas, sociais, políticas, culturais e éticas. Segundo as orientações, para possibilitar aos alunos "compreender o mundo social em que estão inseridos e desenvolver a capacidade de tomada de decisão com maior responsabilidade, na qualidade de cidadãos, sobre questões relativas à Química e à Tecnologia"[127]. Quanto ao estudo dos agrotóxicos, o documento sugere a discussão sobre a sua utilização e sua ação como poluente[128].

Nesse âmbito, na escola, o professor desempenha papel fundamental nesse processo de desenvolvimento de consciência sobre a importância da sustentabilidade ambiental e socioambiental, articulado ao estudo dos conteúdos escolares, necessitando de recursos didáticos e orientação contínua para desenvolver ações com esses propósitos.

Em convergência às normatizações citadas anteriormente, verifica-se uma tendência da presença de temáticas ambientais nos atuais livros didáticos[129]. Nesse mérito, desde 2005 o Programa Nacional do Livro Didático para o Ensino Médio (Pnlem) avalia os Livros Didáticos (LDs) de Química. Dos critérios de análise presentes na ficha de avaliação do Guia de livros didáticos, alguns deles ponderam as formas de abordagem das questões ambientais.

Considerando a importância do LD no contexto escola, realizei uma análise dos LDs de Química do PNLD 2015 sobre a EA e mais especificamente sobre a temática agrotóxicos[130]. A análise realizada mostrou um grande avanço do LD brasileiro em relação ao tratamento do tema EA. Na realidade, o que percebi nas obras examinadas foi que o tema em questão esteve bastante

---

127 BRASIL. Ministério da Educação. Secretaria da Educação Básica. **Orientações Curriculares para o Ensino Médio**, v. 2, 2006. p. 119.

128 Idem.

129 CASSIANO, K. F. D.; ECHEVERRÍA, A. R. Abordagem Ambiental em Livros Didáticos de Química: Princípios da Carta de Belgrado. **Química Nova**, São Paulo, v. 36, n. 3, p. 220-230, 2014.

130 RIBEIRO, D. C. A. et al. (submetido). Agrotóxicos: uma análise reflexiva dessa temática nos livros didáticos de química indicados pelo programa nacional do livro didático (PNLD) 2015. **Revista Electrónica de Enseñanza de las Ciencias.**

presente em todos os livros verificados, mostrando que trabalhar com EA requer recuperar e construir valores na esfera da escola e da comunidade[131].

Sobre o tema agrotóxicos nos LD de Química, verifiquei que os livros apresentam conceitos e explicações de termos científicos de forma apropriada às orientações das legislações educacionais vigentes quanto aos objetivos da EA[132]. Enfatizo que os livros oferecem atividades de leitura, pesquisa e reflexão favorecendo a conscientização dos cidadãos quanto aos riscos dos agrotóxicos para a saúde humana e para o ambiente. Todavia, não fazem referência sobre as possibilidades de tratamento dos meios contaminados pelos agrotóxicos ou da acumulação dessa classe de substâncias nos diferentes compartimentos ambientais (água, solo e ar). Da mesma forma, os livros pouco ou nada abordam a respeito de uma agricultura sustentável sem utilização de agrotóxicos ou com uso mínimo desses produtos danosos[133].

Frente aos riscos à saúde e ao ambiente causados pelo uso excessivo de agrotóxicos, é relevante que os livros didáticos apresentem as soluções existentes para o tratamento das consequências advindas do uso de agrotóxicos no meio ambiente[74]. Há estudos que têm a finalidade de planejar estratégias eficazes que permitam recuperar a biodiversidade de diferentes ecossistemas, produzindo dados confiáveis que possibilitarão a implementação de medidas adequadas para sua proteção e/ou recuperação[134].

Assim sendo, entendo que os livros didáticos poderiam apresentar alguns exemplos de práticas e estudos que são capazes de monitorar alguns tipos de agrotóxicos em diferentes matrizes ambientais, demonstrando que a conscientização sobre a importância da diminuição do uso de agrotóxicos e o desenvolvimento de práticas agrícolas sustentáveis que, cada vez mais, ganham espaço na atualidade devido às graves consequências

131 Idem.

132 Idem.

133 Idem.

134 ARIAS, A. R. L. et al. Utilização de bioindicadores na avaliação de impacto e no monitoramento da contaminação de rios e córregos por agrotóxicos. **Ciências e saúde coletiva**, Rio de Janeiro, v. 12, n. 1, p. 61-72, mar. 2007.

dos agrotóxicos ao meio ambiente e à saúde humana podem representar um avanço na abordagem da temática agrotóxicos[135].

Por outro lado, existe um crescimento na proporção de aparição desse tema em relação aos livros didáticos de Química indicados pelo PNLD nos últimos anos. Fernandes e Stuani[6] afirmam que apenas uma coleção das cinco coleções de livros didáticos aprovadas na avaliação do PNLD de 2012 aborda a questão dos agrotóxicos. Em minha análise dos livros do PNLD de 2015, essa temática é abordada com uma frequência maior, pois das quatro coleções, identifiquei em três delas a aparição desse assunto[136].

Acredito que apenas o LD, por si só, não possa desenvolver a consciência ambiental dos educandos, tornando-os críticos, éticos e responsáveis em relação à problemática ambiental que aflige o nosso planeta. Entretanto, é inegável que essas obras são fontes de importantes informações que, aliadas ao trabalho de aprofundamento e reflexão do professor, poderá levar esses educandos a uma consciência da tão importante formação da cidadania ambiental e consequente opção por adotar um modelo sustentável de vida.

Analisando nesta obra a temática ambiental de interesse dentro do ensino da Química, percebo, por exemplo, que na revista *Química Nova na Escola* existem apenas três artigos relacionados a agrotóxicos[137], sendo que somente dois artigos com foco nessas substâncias químicas[138,139], enquanto o outro apenas cita essas substâncias como uma possibilidade de assunto no ensino de Ciências e reconhece esses contaminantes como prejudiciais à saúde[140].

---

135 RIBEIRO, D. C. A. et al. (submetido). Agrotóxicos: uma análise reflexiva dessa temática nos livros didáticos de química indicados pelo programa nacional do livro didático (PNLD) 2015. **Revista Electrónica de Enseñanza de las Ciencias.**

136 Idem.

137 Pesquisa realizada em todo banco de dados da revista *Química Nova na Escola* (Acesso em: nov. 2015).

138 BRAIBANTE, M. E. F.; ZAPPE, J. A. A química dos agrotóxicos. **Química Nova na Escola**, São Paulo, v. 34, n. 1, p. 10-15. 2012.

139 CAVALCANTI, J. A. et al. Agrotóxicos: uma temática para o ensino de Química. **Química Nova na Escola**, São Paulo, v. 32, n. 1, p. 31-36, 2010.

140 OLIVEIRA, R. J. O ensino das ciências e a ética na escola: interfaces possíveis. **Química Nova na Escola**, São Paulo, v. 32, n. 4, p. 227-232, 2010.

4

A METODOLOGIA DA RESOLUÇÃO DE PROBLEMAS

Num mundo em constante evolução, acredito que uma educação de qualidade necessita da formação permanente de professores. A formação de docentes é importante, uma vez que a educação está mudando constantemente com novas teorias e novas abordagens, tornando a informação mais acessível aos estudantes. Assim sendo, faz-se necessário realizar cursos que possibilitem aos docentes o contato com teorias atuais e abordagens que possam ser utilizadas em sala de aula.

Por isso, os cursos de formação continuada necessitam assegurar bons resultados e para isso se deve compreender que "propor cursos de formação continuada, para profissionais que estão em sala de aula, já há algum tempo, requer que olhemos para as reais condições daqueles que vão oferecer e daqueles que vão frequentar"[141].

Esses aspectos devem ser levados em conta, uma vez que o professor deve sentir-se motivado para continuar seu aprimoramento profissional. De acordo com Nascimento[142], os projetos de capacitação de professores têm apresentado pouca eficácia e alguns motivos elencados são: dissociação entre teoria e prática, destaque para os aspectos normativos e ausência de iniciativas coletivas e/ou institucionais; entre outros.

Para uma formação docente de qualidade, Perrenout[143] apresenta 10 critérios:

---

[141] VIANNA, D.M.; CARVALHO, A.M. Formação permanente: a necessidade da interação entre a ciência dos cientistas e a ciência da sala de aula. **Ciência & Educação**, Bauru, v. 6, n. 1, p. 31-42, 2000. p. 32.

[142] NASCIMENTO, M. G. A formação continuada dos professores: modelos, dimensões e problemática. Ciclo de Conferências da Constituinte Escolar. **Caderno Temático**, Belo Horizonte, n. 5, jun. 2000.

[143] PERRENOUT, P. et al. **As competências para ensinar no século XXI:** A formação dos professores e o desafio da avaliação. Porto Alegre: Artmed, 2002.

1. Uma transposição didática baseada na análise das práticas e em suas transformações.
2. Um referencial de competências que identifique os saberes e as capacidades necessários.
3. Um plano de formação organizado em torno das competências.
4. Uma aprendizagem por problemas, um procedimento clínico.
5. Uma verdadeira articulação entre teoria e prática.
6. Uma organização modular diferenciada.
7. Uma avaliação formativa baseada na análise do trabalho.
8. Tempos e dispositivos de integração e de mobilização das aquisições.
9. Uma parceria negociada com os profissionais.
10. Uma divisão dos saberes favorável à sua mobilização no trabalho.

Dessa maneira, Carvalho e Gil-Pérez[144] entendem a formação do professor como uma intensa mudança didática a qual deve questionar as concepções docentes de senso comum, iniciando pela assertiva que "ensinar é fácil". Os autores veem a necessidade de um profundo conhecimento do conteúdo e da apropriação de um conceito de ensino/aprendizagem das Ciências como construção de conhecimentos, ou seja, como uma pesquisa dos educandos e dos docentes. Para esses estudiosos, a apropriação tem como objetivo possibilitar o deslocamento do modelo atual de transmissão/recepção, mas para que isso ocorra precisará estar teoricamente fundamentada e ser resultado de uma experiência frequente das novas propostas teóricas, além do período necessariamente breve da formação inicial. Assim sendo, de acordo com os autores, a formação docente deverá estar associada a um trabalho de pesquisa e inovação permanentes.

Entretanto, alguns cursos de formação de professores de Ciências causam empecilhos a uma preparação docente eficaz, como apontam Carvalho e Gil-Pérez[145]:

---

[144] CARVALHO, A.M.P.; GIL-PÉREZ, D.; **Formação de Professores de Ciências:** tendências e inovações. São Paulo: Cortez, 2006.

[145] Idem.

- O formato expositivo das aulas incita uma aprendizagem passiva; os docentes em formação ficam mais afeitos à recepção de conhecimentos que auxiliar a gerá-los.
- Os "problemas-padrão" concretizados levam a empregos repetitivos, não cooperando para o desenvolvimento das maneiras de arrazoamento necessárias para se alcançar as ocorrências novas, como os temas não previstos que os educandos possam questionar.
- As práticas de laboratório usam material sofisticado, que não se encontra nos estabelecimentos de ensino, além de se limitarem a um processo de verificação, aos moldes de receitas de cozinha, não contribuindo, de maneira alguma, ao entendimento da atividade científica.
- O currículo abordado é muito vasto e o escasso tempo que se destina aos diferentes assuntos impedem uma apropriação em profundidade dos conceitos implicados.

Nesse sentido, a necessidade de formação permanente, de acordo com Carvalho e Gil-Pérez[146], nasce associada, a princípio, às próprias deficiências da formação inicial; contudo há um motivo de maior consideração pelo qual se necessita insistir em sua necessidade. Os autores afirmam que de fato a tendência atual nos países com um sistema de educação avançado não consiste em aumentar a formação inicial – sempre escassa – mas em estabelecer estruturas de formação permanente. Dessa forma, apresentam os seguintes motivos:

a. Diversas das dificuldades que precisam ser tratadas não adquirem sentido até que o professor se defronte com elas em sua própria prática.
b. As exigências de formação são tão grandes que tentar cobri-las no período inicial levaria ou a uma duração absurda, ou a um tratamento absolutamente superficial.
c. Uma formação docente verdadeiramente eficaz presume a participação frequente em grupos de trabalho e em atividades de pesquisa/ação que não podem ser realizadas, com um mínimo de aprofundamento, no decorrer da formação inicial.

A formação continuada, entretanto, deverá ser expressiva, trazendo transformações na atividade do docente. Alterações que o tornem capacitado para a sua profissão, levando em consideração as mudanças do século XXI e provido de embasamento teórico coerente com as novas práticas pedagógicas e com a realidade da escola e dos alunos.

---

146 Idem.

Em relação à disciplina de Química, sabemos que os conteúdos químicos desenvolvidos nas escolas são, em grande parte, abstratos e de complexa compreensão. O professor tem o conhecimento químico, mas em geral não consegue desenvolver os conceitos de maneira que os educandos consigam entendê-los. Diversos podem ser os motivos, como a necessidade de melhores condições de trabalho, o número excessivo de alunos por turmas, a sua formação inicial, a gestão escolar e a falta de formação continuada, entre outros.

Por isso, muitos alunos apresentam dificuldades para aprender Química e outra razão dessas dificuldades é o fato de não conseguirem perceber o significado ou até mesmo a importância dos conteúdos aplicados pelos professores nessa disciplina. Geralmente os conteúdos são trabalhados de maneira descontextualizada e, desse modo, tornam-se distantes da realidade do educando e difíceis de compreender. Além disso, diversos docentes de Química apresentam dificuldades em relacionar os conteúdos de sua disciplina com episódios da vida diária, dando importância à reprodução do conhecimento, à cópia e à memorização, esquecendo-se de associar a teoria com a prática.

A forma como os conteúdos são passados aos alunos influencia de maneira direta no processo de falta de motivação do educando, uma vez que a quantidade excessiva de conteúdos, na maioria das vezes abstratos ou ensinados de forma confusa e superficial, contribui com os fatores que desmotivam o estudo de Química[147].

Para Soares e Pinto[148], os docentes precisam compreender "seu papel incentivador, facilitador, mediador das ideias apresentadas pelos alunos, de modo que estas sejam produtivas, levando os alunos a pensarem e a gerarem seus próprios conhecimentos".

---

147 CARDOSO, S. P e COLINVAUX, D. Explorando a Motivação para Estudar Química. **Química Nova**, São Paulo, v. 23, n. 3. p. 401-404, 2000.

148 SOARES, M. T. C., PINTO, N. B. Metodologia da resolução de problemas. In: REUNIÃO ANPED, 24., 2001, Caxambu. **Anais** eletrônicos... p. 7.

D'Ambrósio e Ohio[149] alertam sobre a dificuldade de o professor, ao aplicar uma atividade de RP, manter um ambiente desafiador, propositivo, que leve à construção do conhecimento, optando por resolver e, com isso, "estragar" o problema. Os mesmos autores dizem que:

> [...] o problema resolvido pelo professor não tem o mesmo efeito daquele resolvido pelos alunos, sem muita intervenção do professor. Vários estudos revelaram que o professor que estraga o problema muitas vezes não percebe o efeito negativo de sua intervenção. [...] A falta de confiança no processo de construção do conhecimento, inevitavelmente resulta na eliminação (ou diminuição) das oportunidades oferecidas aos alunos para resolverem problemas de alta demanda cognitiva.[150]

Na perspectiva freiriana, a educação tem de ser idealizada como um processo incessante, inquieto e, primordialmente, constante de busca de conhecimento, em oposição ao que o autor distinguiu como educação bancária, caracterizada pela transmissão acrítica e apolítica do conhecimento. A educação bancária assume o conhecimento como uma doação dos que se julgam sábios Na perspectiva de Paulo Freire[151], tal adoção caracteriza uma manifestação peremptória da ideologia da opressão, perante a qual se conserva e estimula a contradição social. O educador torna-se narrador de um conteúdo que os educandos recebem de forma passiva, memorizam e reproduzem.

Acredito que uma das maneiras mais acessíveis de proporcionar aos educandos o aprender para aprender e a motivação para buscarem o conhecimento por si próprios é a utilização da RP como metodologia de ensino.

Pergunto, então, o que é uma situação-problema nesse contexto? De acordo com Echeverría e Pozo[152] uma circunstância apenas "pode ser concebida como um problema na medida em que exista um reconhecimento

---

149 D'AMBROSIO, B. S.; OHIO, M. U.; A Evolução da Resolução de Problemas no Currículo Matemático. In: SEMINÁRIO DE RESOLUÇÃO DE PROBLEMAS, 1., 2008, Rio Claro. **Anais** eletrônicos...

150 Idem. p. 6.

151 FREIRE, P. **Pedagogia do Oprimido**. 43. ed. Rio de Janeiro: Paz e Terra. 2005.

152 ECHEVERRÍA, M.D.P. P.; POZO, J.I.; Aprender a resolver problemas e resolver problemas para aprender. In: POZO, J. I. **A solução de problemas**. Porto Alegre: Artmed, 1998.

dela como tal, e na medida em que não disponhamos de procedimentos automáticos que nos permitam solucioná-los de forma mais ou menos imediata", sem determinar, "de alguma forma, um processo de reflexão ou uma tomada de decisões sobre a sequência de passos a serem seguidos". Além disso, "um problema é, de certa forma, uma situação nova ou diferente do que já foi aprendido, que requer a utilização estratégica de técnicas já conhecidas."[153]

Percebe-se, na abordagem sobre RP como ferramenta de compreensão da Química associada à realidade, o papel decisivo que o docente exerce – como de resto exerce em todos os momentos da missão de educar. Pozo[86] entende que dentre as atividades mais importantes do docente em sala de aula está a de ser mediador entre o conhecimento e o educando, o que não acontece se o educador assume apenas o papel de transmissor de conhecimento. Com a finalidade de auxiliar o educando a desenvolver habilidades, muitos professores estão buscando na RP uma alternativa metodológica para aperfeiçoar a aprendizagem, pois é um dos modos de fazer o educando refletir, propor e planejar soluções.

A RP é vista na literatura em ensino de Ciências como uma metodologia apropriada para estimular os estudantes a pensar e a criar. Essa metodologia está baseada na apresentação de situações abertas e sugestivas que requerem dos estudantes um comportamento ativo e um esforço para obter respostas próprias, buscando seu próprio conhecimento. O ensino centrado na resolução de problemas implica gerar nos educandos o domínio de procedimentos, assim como o uso de conhecimentos disponíveis, para dar respostas a situações variáveis e distintas[154]. O mesmo autor salienta que ensinar os estudantes a resolver problemas significa habituá-los a encontrar por si mesmos respostas às questões que os inquietam ou as que eles necessitam responder, ao invés de aguardar uma solução já elaborada por outros e transmitida pelo livro-texto ou pelo professor.

---

153 Ibidem. p. 16.

154 POZO, J. (Org.). **A Solução de Problemas:** aprender a resolver, resolver para aprender. Porto Alegre: Artmed, 1998.

No que diz respeito à literatura da RP, encontram-se diversas categorizações para as situações-problemas. Os pesquisadores Echeverría e Pozo[155] estabelecem os problemas tendo em vista a área na qual estão inseridos, do conteúdo, dos tipos de operações e dos processos utilizados com o objetivo de resolvê-los. Os problemas podem ser classificados como dedutivos ou indutivos de acordo com o tipo de raciocínio que a pessoa acionará na resolução do problema e do tipo definido e indefinido. Assim sendo, diz-se que um problema é definido quando é de fácil identificação e solução; já um problema mal definido ou indefinido é aquele cujas etapas a serem seguidas são menos claras e específicas, podendo-se chegar a diversas soluções. Os problemas bem definidos são questões semelhantes aos exercícios, dessa forma os educandos conhecem os passos a serem seguidos e o ponto que se quer atingir. Os estudiosos, da mesma maneira, afirmam que não existem problemas totalmente mal definidos, caso contrário seriam problemas sem solução.

Já Pozo e Crespo[156] classificam os problemas em três categorias: os problemas escolares, os problemas científicos e os problemas do cotidiano. Para esses autores, os problemas escolares podem ter caráter de uma investigação fechada, sendo que os recursos são dados pelo docente, mas pertence ao aluno a função de formar suas conclusões.

Os mesmos autores explicam que quando temos em vista a maneira pela qual os problemas são tratados em sala de aula, assim como as metas educacionais no contexto do currículo e as estratégias de resolução, os problemas escolares podem ser classificados em três tipos: problemas qualitativos, problemas quantitativos e pequenas pesquisas. Caracterizam-se como problemas qualitativos aqueles cuja resolução acontece por intermédio de raciocínios teóricos sem necessidade de cálculos numéricos ou manipulações experimentais. Na maioria das vezes, configuram-se como problemas abertos, nos quais se deve antever ou explicar uma situação ou um fato. Já os problemas quantitativos, utilizam dados numéricos, embora o

---

155 ECHEVERRÍA, M.D.P. P.; POZO, J.I.; Aprender a resolver problemas e resolver problemas para aprender. In: POZO, J. I. **A solução de problemas**. Porto Alegre: Artmed, 1998.

156 POZO, J. I.; CRESPO, M. Á. G.; A solução de problemas em ciências da natureza. In: POZO, J. I. **A solução de problemas**. Porto Alegre: Artmed, 1998.

resultado possa não ocorrer em termos numéricos, a estratégia está centrada no cálculo matemático, na comparação de dados e no emprego de fórmulas.

No que tange às pequenas pesquisas, o educando obtém respostas para um problema por meio de um trabalho prático, tanto no laboratório da escola assim como fora dele. A diferenciação entre as pequenas pesquisas dos outros dois tipos de problemas é a necessidade de um trabalho prático de coleta de dados[157].

Além do mais, os problemas escolares podem ser caracterizados em abertos, semiabertos e fechados. Os problemas abertos são considerados amplos, ensejando diversas interpretações e maneiras de serem resolvidos. No que diz respeito aos problemas semiabertos, são fornecidas informações que restringem o problema, entretanto deixam que os próprios estudantes congreguem ideias e estratégias com as quais seja possível definir e resolver o trabalho. Já os enunciados dos problemas fechados restringem de tal forma, que sua resolução demanda modos mais ou menos pré-estabelecidos.

Para Echeverría e Pozo[158] há de se seguir algumas etapas para que a RP seja satisfatória. A primeira etapa, no diz respeito à RP, está relacionada à compreensão desses problemas, entretanto não basta apenas entender as palavras, a linguagem, os símbolos, deve-se, também, assumir a situação e passar a ter uma disposição para chegar à solução desejada. Em seguida, há de se idealizar uma estratégia que auxilie a resolver o problema. A próxima etapa deve consistir em desenvolver essa etapa anteriormente elaborada e, finalmente, o processo de solução (visão retrospectiva), no qual o estudante afere se a finalidade à qual se destina foi alcançada, fazendo, assim, uma revisão dos procedimentos.

Dessa maneira, o método de RP leva os educandos a serem capazes de encarar situações do dia a dia, avaliando-as por intermédio dos modelos conceituais e também dos próprios procedimentos da ciência. Em con-

---

157 Idem.

158 ECHEVERRÍA, M. D. P. P.; POZO, J. I.; Aprender a resolver problemas e resolver problemas para aprender. In: POZO, J. I. **A solução de problemas**. Porto Alegre: Artmed, 1998.

formidade com Pozo e Crespo[159] existe um elevado número de situações diárias que apresentam problemas relacionados com o funcionamento da natureza e da tecnologia. Os seres humanos estão constantemente em contato com objetos e produtos científicos, mas compreendem e sabem pouco sobre o seu funcionamento.

Constata-se que a solução de problemas é uma atividade tradicional, todavia as questões resolvidas em sala parecem não ser eficazes o suficiente para assegurar a conexão entre o conhecimento obtido e as situações do dia a dia. Estudos sobre aprendizagem têm evidenciado que quanto maior a semelhança entre a situação de aprendizagem e a de recuperação do conhecimento, maior a probabilidade de o estudante utilizar-se do conhecimento adquirido. Assim sendo, se existe o anseio de que os educandos usem seus conhecimentos para resolver problemas, será necessário ensinar-lhes ciências, resolvendo problemas[160].

Além disso, existe, também, a preocupação de como guiar os alunos a tratar as situações-problemas para que sejam exitosos em sua tarefa de solucioná-los. Dessa forma, abaixo, são apresentadas propostas que supõem um modelo de RP como pesquisa[161]:

a. Considerar qual pode ser o interesse da situação problemática abordada.
b. Começar por um estudo qualitativo da situação, tentando limitar e definir de maneira precisa o problema, explicitando as condições que se consideraram reinantes etc.
c. Emitir hipóteses fundadas sobre os fatores dos quais pode depender a magnitude buscada e sobre a forma dessa dependência, imaginando, em particular, casos limite de fácil interpretação física.
d. Elaborar e explicar possíveis estratégias de resolução antes de proceder a essa, evitando a simples tentativa e erro. Buscar diferentes caminhos de resolução para possibilitar o contraste de resultados obtidos e mostrar a coerência do corpo de conhecimentos de que se dispõe.

---

159 POZO, J. I.; CRESPO, M. Á. G.; A solução de problemas em ciências da natureza. In: POZO, J. I. **A solução de problemas**. Porto Alegre: Artmed, 1998.

160 Idem.

161 GIL-PEREZ, D.; MARTINEZ TORREGROSA, J. A model for problem-solving in accordance with scientific methodology. **European Journal of Science Education**, v. 5, n. 4, p. 447-455, 1983.

e. Elaborar a resolução verbalizando ao máximo, fundamentando o que se faz e evitando, uma vez mais, operativismos carentes de significação física.

f. Analisar cuidadosamente os resultados à luz das hipóteses elaboradas e, em especial, dos casos limite considerados.

g. Considerar as perspectivas abertas pela pesquisa realizada, contemplando, por exemplo, o interesse de abordar a situação num nível de maior complexidade ou considerando suas implicações teóricas (aprofundamento na compreensão de algum conceito) ou práticas (possibilidades de aplicações técnicas). Conceber, em especial, novas situações a serem pesquisadas, sugeridas pelo estudo realizado.

Creio que, desse modo, ou seja, por intermédio de um processo de pesquisa dirigida os educandos possam, por meio de estratégias orientadas e diversificadas, vivenciar o seu próprio aprendizado, principalmente no que diz respeito ao ensino de Química.

A aprendizagem por intermédio da RP não é tarefa destinada somente aos educandos, pois é primordial que o docente não resolva os problemas para os estudantes e aceite as variadas resoluções propostas para cada problema. A função do professor é mediar esse processo, motivando situações que propiciem uma aprendizagem por meio do pensar, do refletir, visando a novos conceitos. Lopes[162] ressalta que o professor deve adotar a função de organizador, sugerindo situações apropriadas para abordar conceitos e o maior número de capacidades, propondo aos alunos informações, selecionando e reformulando atividades conforme a realidade dos alunos, encorajando-os, proporcionando contato com conceitos e gerando a construção de novos conceitos, orientando pesquisas bibliográficas, adequando os problemas com uma linguagem clara, avaliando o processo e organizando o trabalho em sala de aula de forma apropriada.

Valer-se da RP, como início para desenvolver conceitos químicos, é uma maneira de induzir o educando a tomar parte de seu processo de aprendizagem, deixar para trás uma postura passiva e começar a agir sobre o seu objeto de estudo, relacionando-o com sua realidade concreta e buscar

162 LOPES. B. J. **Resolução de Problemas em Física e Química:** Modelo para estratégias de ensino-aprendizagem. Lisboa: LDA, 1994.

explicações para as causas dessas relações por intermédio do resultado de ações e/ou interações que se estabelecem entre sujeito e objeto no processo de construção de conhecimento.

Acredito que a RP é uma apropriada estratégia para o processo de ensino e aprendizagem da Química, criando no aprendiz a habilidade de ampliar o pensamento químico, não se limitando a exercícios descontextualizados da realidade do educando e que simplesmente enfatizam o aprendizado por reprodução e imitação.

No entanto, existem algumas dificuldades para a aplicação dessa metodologia em nossas escolas. Se vislumbramos uma mudança de metodologia em nossas aulas de Química, essa transformação deve começar na formação inicial do futuro docente e passar pela inserção deste em um contexto de atividades de RP. Caso o docente não tenha tido essa metodologia em sua formação inicial, ou aprendida superficialmente, valar-se-á o aprofundamento dessa proposta metodológica em cursos de formação continuada. Isso colaborará com a construção de um entendimento mais adequado a respeito da estratégia didática, de seus pressupostos teórico-metodológicos e das dificuldades conceituais e pedagógicas que acompanham todo processo. A partir disso, almeja-se que esse futuro professor ou professor dê um novo significado às suas posições e ideias iniciais como, por exemplo, atribuir as dificuldades de aprendizagem, inclusive a RP, à responsabilidade exclusiva dos estudantes[163].

Se levarmos em consideração a Didática das Ciências, as dificuldades apresentadas podem estar concatenadas com a "metodologia da superficialidade", categoria que faz alusão à maneira específica como os alunos abordam fenômenos naturais: a tendência comum de se tirar conclusões precipitadas, a generalização de maneira acrítica baseada em experiências limitadas, a falta de dúvidas ou consideração de possíveis soluções alternativas, respostas rápidas e seguras baseadas em evidências do senso comum

[163] GIL-PÉREZ, D. Contribución de la Historia y de la Filosofía de las ciencias al desarrollo de un modelo de enseñanza / aprendizaje como investigación. **Enseñanza de las Ciencias**, Espanha, v. 11, n. 2, p. 197-212, 1993.

etc.[164]. Da mesma maneira, abarca o modo como os indivíduos resolvem problemas. A respeito disso, Carrascosa[165] cita algumas características dessa postura relacionadas às práticas de RP, entre elas pode-se apresentar:

- a tendência de contestar rapidamente levando a respostas precipitadas sem analisar o problema, quer dizer, sem uma reflexão prévia;
- a não consideração das variáveis e como essas podem influenciar os conhecimentos relacionados com a questão;
- a utilização de fórmulas e equações mecanicamente;
- a ênfase na realização de cálculos para chegar a um resultado numérico sem considerar sequer a possibilidade de uma resolução literal.

Dessa maneira, os licenciandos ou licenciados em Química têm de estar preparados para o desafio de aplicar novas metodologias em sua sala de aula, dentre elas a RP. Assim sendo, como parte da formação inicial e continuada é importante que os professores de Ciências, em particular Química, vivenciem atividades de RP com o intuito de que eles possam construir um conhecimento profissional com bases sólidas e possam sugerir para os educandos problemas nas suas aulas e outras atividades didáticas.

Essa vivência pode permitir que se obtenha um melhor entendimento conceitual e metodológico do aspecto de ensino e aprendizagem, além de permitir um processo de tomada de consciência reflexiva dos futuros docentes acerca de seus conhecimentos profissionais e de sua função primordial na concepção de estratégias, planejamento e organização de práticas que gerem uma melhor aprendizagem da Química para os estudantes.

Na pedagogia problematizadora, o educador deve provocar nos educandos o espírito crítico, a curiosidade, a não aceitação do conhecimento puramente transferido. Os docentes têm "como uma de suas tarefas primordiais [...] trabalhar com os educandos a rigorosidade metódica

164 Idem.

165 CARRASCOSA, J. El problema de las concepciones alternativas en la actualidad (Parte I). Análisis sobre las causas que la originan y/o mantienen, **Revista Eureka sobre la Enseñanza y Divulgación de las Ciencias**, Espanha, v. 2, n. 2, p. 183-208, 2005.

com que devem se aproximar dos objetos cognoscíveis"[166]. Desse modo, a aprendizagem ocorre com a formulação e a reformulação dos saberes pelos alunos ao lado dos professores, igualmente sujeitos do processo.

A metodologia de RP possui características que provocam e estimulam os estudantes mediante questões que levam a novos conceitos, organizam a discussão e a construção do conhecimento, instigam a participação dos aprendizes em debates em grupos, posicionam o professor como indutor da busca do conhecimento e levam os alunos de um estranhamento inicial, por não conhecerem a metodologia, a uma satisfação à medida que percebem que são capazes de resolverem situações-problemas.

Portanto, as dificuldades cotidianas de docentes e estudantes no ensino de Química podem ser trabalhadas por intermédio de discussões e implementações de propostas como a de RP, visto que um processo problematizador deflagra no educando uma curiosidade cada vez maior e, dessa forma, quanto mais crítico é o ato de aprendizado mais a curiosidade torna-se epistemológica[167]. Isso assinala a passagem da ingenuidade à criticidade, da curiosidade ingênua à curiosidade epistemológica.

---

[166] FREIRE, P. **Pedagogia da Autonomia**: Saberes necessários à prática educativa. 33. ed. Rio de Janeiro: Paz e Terra. 2006. p. 26.

[167] Idem. **Pedagogia da Autonomia**: Saberes necessários à prática educativa. 33. ed. Rio de Janeiro: Paz e Terra. 2006.

5

A FUNDAMENTAÇÃO DA PESQUISA QUALITATIVA

O presente trabalho caracteriza-se por ter um caráter qualitativo[168], já que esse tipo de pesquisa costuma ser direcionada, ao longo de seu desenvolvimento. Além disso, não procura enumerar ou mensurar eventos e, geralmente, não se utiliza de instrumental estatístico para análise dos dados. O foco de interesse desse tipo de pesquisa é amplo e parte de uma perspectiva diferenciada da adotada pelos métodos quantitativos. Dela faz parte a obtenção de dados descritivos mediante contato direto e interativo do pesquisador com a situação objeto de estudo. Nas pesquisas qualitativas, é frequente que o pesquisador procure entender os fenômenos, segundo a perspectiva dos participantes da situação estudada e, a partir de então, estabeleça sua interpretação dos fenômenos estudados.

Lüdke e André, em relação à pesquisa qualitativa, asseveram que essa tem o ambiente natural como fonte direta de dados e o pesquisador como seu principal instrumento. Os dados coletados são descritivos e existe uma preocupação com o processo muito maior do que com o produto final.

Dessa maneira, esta pesquisa realizou-se em ambiente natural, uma vez que os dados utilizados foram coletados no ambiente de uma universidade. Assim sendo, nesse local o pesquisador ministrou, junto de mais quatro professores, um curso de extensão sobre ensino de Química para ensino médio intitulado "Educação Ambiental e a Metodologia de Resolução de Problemas" com carga horária de 50 horas. Além disso, aplicamos questionários relativos aos conhecimentos dos cursistas

[168] LÜDKE, M.; ANDRÉ, M. **Pesquisa em Educação:** Abordagens qualitativas. São Paulo: EPU, 1986.

em relação à temática de agrotóxicos e RP, assim como analisamos e interpretamos os dados dos questionários aplicados aos sujeitos desta pesquisa. Tudo isso tendo em vista o processo de formação dos professores no tange ao tema agrotóxicos e a metodologia de RP. Cabe salientar que Lüdke e André [169] argumentam que o pesquisador realiza seu trabalho em cenários naturais, compreendendo e interpretando determinados fenômenos.

Neste trabalho, optamos pela pesquisa qualitativa, pois essa permite uma visão mais ampla de um cenário. Além do mais, esse tipo de pesquisa analisa textos por meio de interpretação (processo indutivo), com protótipo de entrevistas em profundidade, é subjetiva, desenvolve a teoria, o seu foco é complexo, possibilitando narrativas ricas e interpretações individuais, o pesquisador participa do processo, descreve os significados. As partes são mais importantes do que o todo, preocupa-se com a qualidade das informações. Dentre as modalidades que a pesquisa qualitativa nos oferece, utilizamos o Estudo de Caso[170], sendo este o nosso referencial metodológico.

Como o nome indica, a característica que difere essa metodologia é o fato de ser um plano de investigação que se atém ao estudo pormenorizado e aprofundado, no seu contexto natural, de uma entidade bem definida: o "caso".

Mas o que é um "caso"? Quase tudo pode ser um caso: um indivíduo, um pequeno grupo, uma organização, uma comunidade, um processo, um incidente ou acontecimento imprevisto etc. Obedecendo a uma perspectiva da pesquisa holística (sistêmica, ampla, integrada), o Estudo de Caso tem como objetivo compreender o "caso" no seu todo e na sua unicidade[171].

De acordo com Yin[172], o Estudo de Caso é um método qualitativo que consiste, geralmente, em uma forma de aprofundar uma unidade

---

169 Idem.

170 YIN, R. K. **Estudo de caso**: planejamento e métodos. 2. ed. Porto Alegre: Bookmam. 2001.

171 Idem.

172 Idem.

individual. Ele serve para responder a questionamentos sobre os quais o pesquisador não tem muito controle em relação ao fenômeno estudado.

O Estudo de Caso contribui para compreendermos melhor os fenômenos individuais, os processos organizacionais e políticos da sociedade. É uma ferramenta utilizada para entendermos a forma e os motivos que levaram a determinada decisão. Conforme Yin[173], o estudo de caso é uma estratégia de pesquisa que compreende um método que abrange tudo em abordagens específicas de coletas e análise de dados.

5.1 AS METODOLOGIAS DA PESQUISA E DO CURSO DE EXTENSÃO

Com o intuito de atingir o objetivo geral desta investigação (identificar as formas de contribuição de um curso de formação de professores e futuros professores de Química, no que tange aos aspectos teóricos e práticos da metodologia de resolução de problemas associada à temática agrotóxicos) foi preciso um levantamento teórico aprofundado acerca dos aspectos relacionados à Resolução de Problemas, à Educação Ambiental e, mais especificamente, aos agrotóxicos.

Num segundo momento, a revisão bibliográfica objetivou um levantamento sobre a EA, ou seja, a importância de desenvolver a preocupação com o ambiente em que vivemos, já que é um dever de todos os segmentos da sociedade.

O terceiro momento deu ênfase a um levantamento bibliográfico sobre formação de professores e metodologia de RP.

Por intermédio da revisão bibliográfica, averiguamos que a temática "agrotóxicos" associada à RP é pouco frequente na literatura e nos livros didáticos analisados. Dessa forma, esta obra apresenta-se como um trabalho relevante no âmbito da educação.

173 Idem.

Feito o levantamento bibliográfico, constatou-se que a RP se encaixa pedagogicamente e teoricamente para o ensino dos conteúdos de Química. Assim sendo, preparamos uma proposta de curso de formação na modalidade de extensão universitária com o intuito de oferecê-lo a professores graduados em Química e a alunos de licenciatura em Química. O objetivo do curso foi fornecer aos professores de Química da Educação Básica formação para o trabalho com a metodologia de Resolução de Problemas, a partir de temáticas ambientais contemporâneas. Além disso, discutir aspectos conceituais de Química e EA, especialmente agrotóxicos, associados à metodologia de Resolução de Problemas para que tivessem subsídios teóricos e práticos em relação ao uso dessa metodologia e da temática em questão em seu ambiente escolar.

O referido curso teve como público-alvo os professores e bolsistas de iniciação à docência das escolas participantes do Pibid da UFRGS, oriundos da capital e da região metropolitana de Porto Alegre. O processo de seleção dos cursistas foi realizado por meio de edital enviado das escolas participantes do Pibid. O curso aqui proposto teve uma carga horária de 50 horas, com 16 cursistas matriculados e foi realizado na modalidade presencial, utilizando a infraestrutura do Instituto de Química da UFRGS, às sextas-feiras, no período de março a julho de 2015. As atividades formativas foram realizadas em três módulos temáticos: aspectos metodológicos da resolução de problemas, ensino de Química e educação ambiental.

Os conteúdos e atividades trabalhados nos três módulos do curso estão descritos na Tabela 6.

TABELA 6 – DETALHAMENTO DOS CONTEÚDOS E ATIVIDADES DO CURSO

Módulos	Conteúdos e Atividades
Módulo I (20h): Aspectos Metodológicos da Resolução de Problemas	Apresentação do curso, histórico e fundamentação conceitual e pedagógica sobre a metodologia de RP; tipos de problemas e análise de exemplares já utilizados; vivência no papel de alunos da resolução de problemas sobre agrotóxicos; sequência metodológica das atividades de RP; exercício de elaboração de problemas; apresentação da resolução dos problemas.
Módulo II (15h): ensino de Química	Discussão sobre conteúdos químicos que podem ser trabalhados por RP: Modelos atômicos, Tabela Periódica, Estequiometria, Cinética Química, Equilíbrio Químico, Química Orgânica.
Módulo III (15h): Educação Ambiental	Conceitos fundamentais da nossa temática ambiental de interesse (agrotóxicos, legislação, ecotoxicidade; identificação e tratamento), introdução da atividade de elaboração dos problemas; elaboração dos problemas para aplicação nas escolas; apresentação e aperfeiçoamento dos problemas que serão aplicados nas escolas e retomada das etapas metodológicas da RP, apresentação dos resultados alcançados nas escolas com os problemas.

FONTE: o autor

O curso visava oferecer uma visão mais ampla sobre as questões relativas à EA, tendo em vista a utilização de agrotóxicos, a resolução de problemas e o ensino de Química. Além do mais, a partir dessas questões trabalhadas no curso, os professores vivenciaram a RP propriamente dita, pois contextualizando os conteúdos ministrados, criamos dois problemas para serem resolvidos pelos professores inscritos.

Nosso intuito com o curso foi instrumentalizar os docentes com uma metodologia diferente das utilizadas em sala de aula. Uma metodologia que levasse o educando a uma reflexão sobre determinado problema, que o induzisse a buscar uma solução, tendo o professor como um guia da sua ação. De acordo com Santos e Goi[174], muitos

[174] SANTOS, F. M. T.; GOI, M. E. J. Resolução de Problemas no Ensino de Química – fundamentos epistemológicos para o emprego da metodologia na Educação Básica. In: XV ENCONTRO NACIONAL DE ENSINO DE QUÍMICA. Brasília, 2012. **Anais**...

professores têm carências conceituais e metodológicas para trabalhar em sala de aula a metodologia de RP e é visível o quanto esses educadores utilizam basicamente estratégias do ensino tradicional devido à falta de preparo e poucos deles têm oportunidade e condições de frequentar um curso de formação para superar essa lacuna de sua capacitação profissional. Pozo e Postigo (apud ECHEVERRÍA e POZO)[175] entendem que a metodologia de RP só terá sucesso quando for utilizada frequentemente pelo professor, pois o estudante deve desenvolver o hábito de resolver problemas para conseguir alcançar a solução com sucesso.

Com isso, entendemos que o curso de extensão poderá enriquecer a prática docente dos cursistas, uma vez que a metodologia que foi estudada e vivenciada durante o curso poderá ser levada para suas salas de aula. Além do mais, as questões ambientais estão atualmente em evidência nos mais diversos ramos da sociedade, devido à urgência e à importância dessa temática e, nessa perspectiva, a educação desempenha um papel determinante no sentido de disseminar informações que forneçam alternativas para suavizar os efeitos preocupantes da exploração insustentável dos recursos naturais, da utilização abusiva de agrotóxicos que tantos malefícios trazem ao meio ambiente e à saúde humana. Assim, durante o curso, tentamos sensibilizar os professores, por intermédio de aspectos conceituais de química, da própria questão ambiental relacionada à utilização de agrotóxicos e da metodologia da RP como uma maneira de difundir essa temática por meio de práticas diferenciadas, podendo ser ministrada e difundida nas escolas por esse grupo de professores.

Os dados coletados por meio do diário de campo, gravações de áudio e dos vídeos feitos pelos pesquisadores, durante a realização do curso, quando estavam, em equipes, resolvendo os problemas a eles propostos foram analisados qualitativamente e interpretativamente nesta obra.

---

175 ECHEVERRÍA, M. D. P. P.; POZO, J. I.; Aprender a resolver problemas e resolver problemas para aprender. In: POZO, J. I. **A solução de problemas**. Porto Alegre: Artmed, 1998.

Os sujeitos da pesquisa são professores de escolas públicas de Porto Alegre, RS, e região metropolitana da capital gaúcha os quais lecionam no ensino fundamental, médio e técnico, formados em Química ou com a graduação na área em andamento, sendo que esses alunos que estão cursando Química licenciatura, são bolsistas do Subprojeto Química do Pibid/UFRGS. Um desses sujeitos tem formação em outra área do conhecimento, qual seja: Educação Física.

6

RESULTADOS E DISCUSSÃO

Nesta seção, exporei o processo vivenciado no curso de formação de professores intitulado "Educação Ambiental e a Metodologia de Resolução de Problemas", além dos dados obtidos durante a implementação do trabalho de EA, mais precisamente a temática "agrotóxicos" e a atividade de resolução de problemas propriamente dita. Discutirei a resolução dos problemas desenvolvidos pelos alunos do nosso curso e as diferentes etapas vivenciadas no processo de implementação da proposta. Além disso, buscarei estabelecer relações entre os dados obtidos durante as observações, as gravações de áudios, as filmagens das aulas do curso e as informações obtidas nos questionários inicial e final com a revisão bibliográfica.

6.1 ANÁLISE DO QUESTIONÁRIO INICIAL

O QI teve como objetivo realizar um diagnóstico sobre as opiniões dos professores e futuros professores em relação ao trabalho com a metodologia de Resolução de Problemas associada às temáticas da Educação Ambiental, como a dos agrotóxicos. A maioria das questões era aberta, o que possibilitou que os integrantes do curso de extensão expressassem suas próprias informações, seus conhecimentos e suas opiniões livremente[176]. A partir da análise do QI, consegui analisar aspectos conceituais necessários, que foram trabalhados no curso de formação e identifiquei as experiências dos docentes com a metodologia investigativa no ensino de Química.

---

[176] MARCONI, M. A.; LAKATOS, E. M. **Fundamentos de Metodologia Científica**. 5. ed. São Paulo: Atlas, 2003.

6.1.1 A formação e o perfil acadêmico dos sujeitos da pesquisa

A questão n.º 01 do QI está relacionada com a formação dos alunos do curso de extensão (Gráfico 1). Três professores com cursos de pós-graduação merecem ser destacados. O docente P1 está cursando Química Licenciatura, entretanto possui graduação em Educação Física e Mestrado e Doutorado em Bioquímica (PPG/Bioquímica – UFRGS), o que pode ser um indicativo de uma formação sólida em processos químicos que ocorrem nos organismos vivos. Os professores P2 e P3 possuem graduação em Química Licenciatura, e ambos possuem curso de pós-graduação. O professor P2 tem especialização em Análise de Alimentos (Centro Universitário Metodista – IPA) e Mestrado em Ciências de Alimentos pela UFMG (Faculdade de Farmácia). Esses cursos de pós-graduação, realizados pelo professor P2, dão uma visão importante do conhecimento que esse docente traz para o curso ministrado. Sabe-se que a Análise de Alimentos atua diretamente em vários segmentos de controle de qualidade, da fabricação, do armazenamento, do processamento e da caracterização dos alimentos in natura, inclusive resíduos agrotóxicos. Em relação à Ciência dos Alimentos, o profissional dessa área trata, em termos gerais, da qualidade e conservação dos alimentos oferecidos para consumo. Acompanha, também, a produção desde o campo até as prateleiras de supermercados, padarias e outros pontos de venda. O docente P3 possui especialização em Toxicologia (Instituto de Toxicologia e farmacologia – PUCRS). No que tange ao curso de Toxicologia, tem-se conhecimento de que é uma ciência multidisciplinar que tem como objeto de estudo os efeitos adversos das substâncias químicas sobre os organismos. Esses docentes, portanto, poderão trazer contribuições valiosas para o curso e para a Resolução de Problemas.

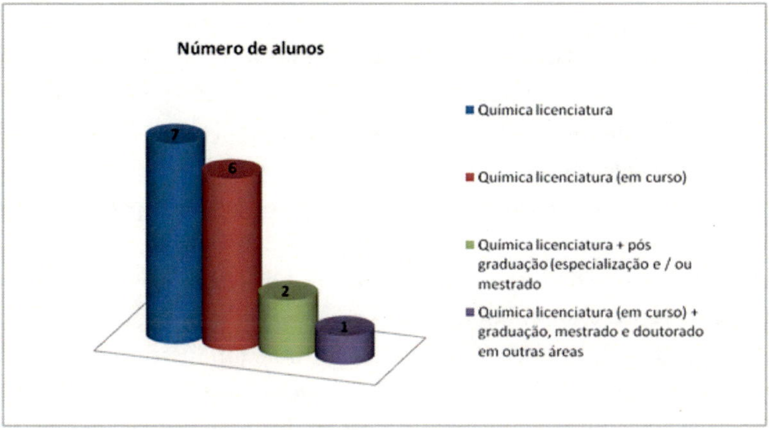

GRÁFICO 1 – FORMAÇÃO DOS ALUNOS DO CURSO DE EXTENSÃO
FONTE: o autor

Foi investigada também a experiência docente (pergunta n.º 04 do QI) dos alunos envolvidos na proposta. Todos os alunos nove formados em Química/Licenciatura estavam trabalhando como professores de Química na educação básica no momento do curso. As experiências variam de um a 22 anos em sala de aula. Os outros sete ouvintes curso, que estavam cursando Licenciatura em Química, eram bolsistas do Pibid, demonstrando que já possuíam contato com o contexto escolar na educação básica. É relevante conhecer a experiência docente dos professores cursistas, pois essa informação deu uma visão dos profissionais para os quais o curso seria dado. Da mesma forma, acredito que a boa prática pedagógica cotidiana do professor está relacionada a ações que são aprendidas em sua formação inicial, mas que se aprimoram em uma formação continuada, como já foi visto neste livro em capítulo referente ao tema.

A questão n.º 02 teve como objetivo averiguar as revistas especializadas ou jornais que os alunos do curso de extensão acessam nas suas atividades docentes, ou como fonte de pesquisa no geral. A revista *Química Nova na Escola* foi a revista científica mais utilizada pelos participantes (11) no curso, ou seja, mais de 2/3 dos sujeitos inscritos no curso buscam essa revista como suporte teórico para subsidiar o trabalho, a formação e a atualização do ensino de Química. As revistas *Química Nova* e *Superinteressante* foram citadas duas vezes cada. Outras revistas e jornais: *Free Radical Biology and Medicine, Revista Educação, Professores Inquietos, Zero Hora (Caderno Educação), Journal of Chemistry, Ciências Hoje, Mundo Estranho, Revista Nova Escola* e *Scientific American* foram nomeadas apenas uma vez cada. Todas essas informações podem ser mais bem visualizadas no Gráfico 2. Ao analisar esses dados, percebo a presença da leitura especializada no cotidiano dos professores cursistas e as possíveis relações com o resultado da Resolução de Problemas. Creio que a leitura é um instrumento fundamental para a aquisição do saber, para a consecução de novas aprendizagens. Além disso, possibilita a construção e o fortalecimento de ideias e ações.

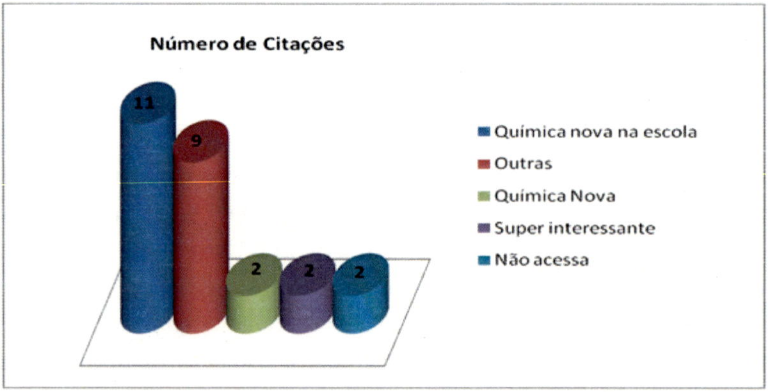

GRÁFICO 2 – REVISTAS E JORNAIS ACESSADOS PELOS ALUNOS DO CURSO
FONTE: o autor

Referente aos eventos científicos que os ouvintes do curso participam (questão n.º 03), em um patamar mais elevado estão Salão de Iniciação Científica e EDEQ, cada um descrito cinco vezes. Palestras e feiras científicas foram nomeadas por quatro integrantes e, em um número menor, o evento científico "Encontro do Pibid" foi citado três vezes. A leitura do Gráfico 3 ajuda a observar essas informações. O que percebi é que a participação dos cursistas em palestras e feiras científicas está relacionada à formação continuada deles. Isso demonstra um interesse na busca por constante atualização.

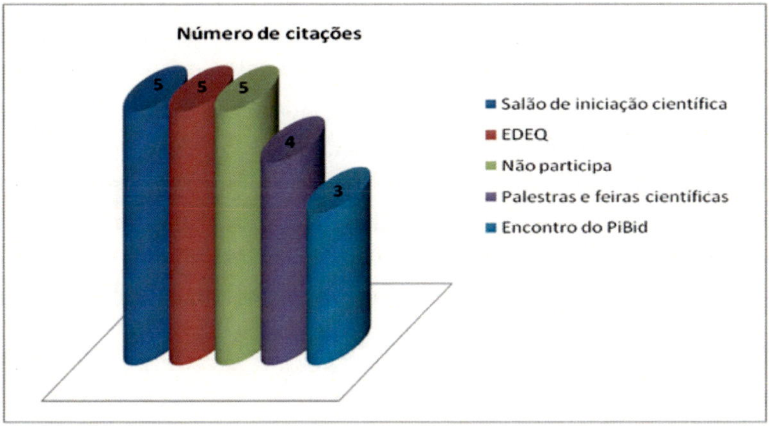

GRÁFICO 3 – PARTICIPAÇÃO EM EVENTOS CIENTÍFICOS
FONTE: o autor

A pergunta n.º 05 teve como objetivo averiguar as diferentes metodologias de ensino que os participantes da proposta vivenciaram durante a graduação. Pela análise das respostas, verifiquei que 10 alunos (P1, P2, P4, P5, P10, P12, P13, P14, P15 e P16) do curso ministrado tiveram apenas métodos tradicionais de ensino durante o curso superior; dois ouvintes (P3 e P7) citaram pensadores em suas respostas como: Piaget[177] e Vygotsky[178] e Paulo Freire[179], afirmando que tiveram em seus cursos superio-

[177] Sir Jean William Fritz Piaget foi um epistemólogo suíço, considerado um dos mais importantes pensadores do século XX. Defendeu uma abordagem interdisciplinar para a investigação epistemológica e fundou a Epistemologia Genética, teoria do conhecimento com base no estudo da gênese psicológica do pensamento humano.

[178] Lev Semenovitch Vygotsky foi um cientista bielorrusso e pioneiro no conceito de que o desenvolvimento intelectual das crianças ocorre em função das interações sociais e condições de vida. Veio a ser descoberto pelos meios acadêmicos ocidentais muitos anos após a sua morte, que ocorreu em 1934, por tuberculose, aos 37 anos.

[179] Paulo Reglus Neves Freire morreu em 1997, foi um educador, pedagogista e filósofo brasileiro. Sua prática didática fundamentava-se na crença de que o educando assimilaria o objeto de estudo

res metodologias baseadas nos conceitos desses estudiosos. O aluno P6 disse que em uma das disciplinas de seu curso de graduação vivenciou o processo de "Educar pela pesquisa". Somente três participantes (P8, P9 e P11) vivenciaram as metodologias de Estudo de Caso e/ou RP em seus cursos de graduação. Essas informações podem ser mais bem visualizadas no Gráfico 4. A análise nos mostra que as práticas tradicionais ainda prevalecem, mesmo em instituições de ensino superior, tendo em vista o que responderam os cursistas. Dessa maneira, a Resolução de Problemas é um método ainda a ser difundido em universidades, em cursos de licenciatura, e em cursos de formação continuada, como apontaram Carvalho e Gil-Pérez[180]. Os autores destacam que a vivência de modelos tradicionais de ensino na formação inicial incita a utilização de um modelo de aprendizagem passiva por parte dos futuros professores.

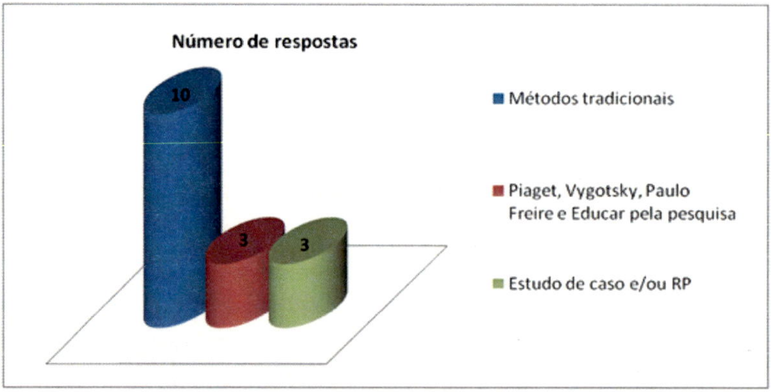

GRÁFICO 4 – METODOLOGIAS DE ENSINO VIVENCIADAS NA GRADUAÇÃO
FONTE: o autor

fazendo uso de uma prática dialética com a realidade, em contraposição a por ele denominada educação bancária, tecnicista e alienante: o educando criaria sua própria educação, fazendo ele próprio o caminho, e não seguindo um já previamente construído; libertando-se de chavões alienantes, o educando seguiria e criaria o rumo do seu aprendizado. Destacou-se por seu trabalho na área da educação popular, voltada tanto para a escolarização como para a formação da consciência política.

180 CARVALHO, A.M.P.; GIL-PÉREZ, D.; **Formação de Professores de Ciências:** tendências e inovações. São Paulo: Cortez, 2006.

6.1.2 As experiências da metodologia de resolução de problemas

A questão n.º 06 do QI indagou sobre em quais momentos como aluno, ou professor vivenciaram a metodologia de RP ou Estudo de Caso. Como citado anteriormente, três alunos (P8, P9 e P11) vivenciaram alguma dessas metodologias durante a graduação e complementaram com respostas simples, sem muitas explicações, que foi somente na graduação, não citando nome da disciplina e nem como foram abordados esses métodos de ensino, seis participantes nunca tiveram essas metodologias em sua educação. O educando P4 afirma que vivenciou essas metodologias durante um curso de extensão, mas não se aprofundou em sua resposta. Três ouvintes (P2, P3 e P5) do nosso curso, que são professores de educação básica, disseram que vivenciaram essa (s) metodologia (s) em algumas aulas em que seus bolsistas ou estagiários trabalharam com seus alunos. Três bolsistas (P12, P13 e P14) do Pibid (Quadro 1) disseram em suas respostas que em uma oficina feita em sua escola, a RP esteve presente como proposta de ensino.

Pela análise das respostas, verifico que uma professora e três bolsistas do Pibid citaram a mesma situação em que vivenciaram a metodologia de RP. Acredito ser pertinente descrever esse momento de interação no espaço escolar.

Professor P2	Bolsistas – PiBid
Como professor não utilizei, mas em 2014/2 os bolsistas P12, P13 e P14 realizaram a "Oficina de Sabão" no Colégio Estadual Dom João Becker e deu muito certo, os alunos aprenderam bastante.	P12: Já tive contato com Estudo de Caso, e já apliquei em alguma atividade. Mas a que realmente eu me lembro foi na Escola Dom João Becker na oficina do sabão. P13: O mais próximo foi uma oficina que elaboramos sobre o sabão, onde nós pedimos aos alunos que nos ajudassem com a melhor forma de descarte e reutilização do óleo de cozinha usado. P14: Só fiz uma vez uma prática em sala de aula, foi a resolução de problemas no caso o conteúdo era sobre estires e fizemos sabão após o trabalho com as turmas do Dom João Becker.

QUADRO 1 – RESPOSTAS DOS PARTICIPANTES (P2, P12, P13, P14) DA QUESTÃO N.º 06 DO QI

FONTE: o autor

As respostas à questão de número seis apenas corroboram o comentário realizado para a questão de número cinco, no que diz respeito a pouca difusão da metodologia de RP, descrita neste trabalho. Outro aspecto a ser ressaltado é o fato de os cursistas P12, P13, P14 serem bolsistas do Pibid. O Pibid é um projeto que tem a intenção de promover a iniciação à docência dos futuros professores dos cursos de licenciatura para que esses tenham a oportunidade de atuar na esfera da educação básica, primordialmente no ensino médio da rede pública. A ênfase do projeto é dada aos planejamentos e às ações e está referenciada em ações interdisciplinares e investigativas[181]. Dessa forma, desde cedo, os bolsistas estão expostos às mais diversas metodologias de trabalho.

6.1.3 Conhecimentos prévios sobre o tema ambiental agrotóxicos

A pergunta n.º 07 do QI argumentava sobre as possíveis denominações que os alunos utilizariam para definir as substâncias químicas utilizadas na agricultura. Na Tabela 7, estão descritas as opções marcadas pelos participantes do curso.

[181] PASSOS, C. G.; SALGADO, T. D. M. Interação universidade-escola: conquistas e perspectivas do subprojeto PIBID/Química da UFRGS. In: Costella, R. Z. et al. (Org.). **Iniciação à docência:** reflexões interdisciplinares. São Leopoldo: Oikos, 2015.

TABELA 7 – POSSÍVEIS DENOMINAÇÕES DE SUBSTÂNCIAS QUÍMICAS UTILIZADAS NA AGRICULTURA

		P1	P2	P3	P4	P5	P6	P7	P8	P9	P10	P11	P12	P13	P14	P15	P16	Soma
1	Remédios de plantas					X												1
2	Defensivos agrícolas		X	X	X	X			X	X		X		X		X		9
3	Pesticidas	X	X	X		X					X	X	X	X		X	X	10
4	Venenos agrícolas			X		X						X	X					4
5	Praguicidas		X	X		X						X				X		5
6	Agrotóxicos	X	X	X	X	X	X	X	X	X	X	X	X	X	X	X	X	16
7	Agroquímicos		X	X		X			X			X					X	6
8	Fungicidas		X	X		X				X		X	X	X				7
9	Herbicidas		X	X		X							X			X		5
10	Adubos		X	X	X	X			X	X			X	X	X	X		10
11	Fertilizantes	X	X	X	X	X	X	X	X		X		X	X	X	X	X	14
	Soma	3	9	10	4	11	2	2	5	4	3	7	7	6	3	7	4	

FONTE: o autor

Cabe destacar, nas respostas dos sujeitos participantes da pesquisa, que a única denominação que foi marcada por todos foi agrotóxicos, demonstrando o conhecimento prévio que todos possuem, ou seja, que os agrotóxicos são substâncias químicas utilizadas na agricultura. Outras denominações, em especial, podem ser destacadas: Fertilizantes citados 14 vezes e Adubos e Pesticidas marcados 10 vezes cada um. Em um segundo patamar, com uma quantidade de repostas pouco menor, mas ainda significativa, defensivos agrícolas marcados nove vezes e fungicidas com sete marcações.

Considero que todas as opções da questão em discussão são substâncias químicas usadas na produção agrícola. Nesse momento, acredito ser pertinente descrever como essas nomenclaturas se relacionam (Figura 1) que foi elaborada, a partir da nossa revisão bibliográfica.

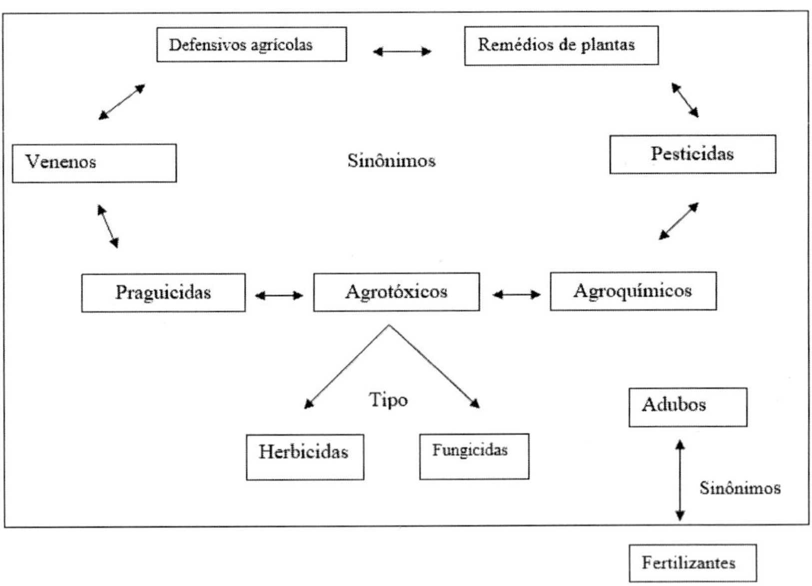

FIGURA 1 – SUBSTÂNCIAS QUÍMICAS UTILIZADAS NA AGRICULTURA
FONTE: o autor

Pode-se verificar na tabela sete que apenas o aluno P5 marcou as 11 denominações da questão n.º 07. O participante P3 destacou uma possibilidade a menos das 10 nomenclaturas corretas. Os outros 14 ouvintes do curso citaram de três a nove marcações de possíveis substâncias químicas usadas na agricultura.

A questão n.º 08 está relacionada com a Figura 1, indagando quais as opções da questão anterior (n.º 07) são sinônimas, e caso a resposta fosse sim, solicitei para especificar quais e justificar. Foram obtidas respostas de variados graus de aprofundamento, algumas definições equivocadas, outras descrições mais completas.

O participante P2, por exemplo, desenvolve sua resposta com alguns conceitos e sinônimos misturados, mas já se percebe o seu conhecimento relacionado aos agrotóxicos, afirmando que podem causar danos à saúde humana e de animais:

> *Não, nem todos, algumas são utilizadas para prevenir e exterminar pragas e outros interferentes como os defensivos agrícolas, os pesticidas, herbicidas, praguicidas e fungicidas. Outros são aplicados para favorecer o crescimento das plantas como os adubos, agroquímicos, fertilizantes e os agrotóxicos são utilizados com esta finalidade, mas causam danos à saúde humana e de animais.* (Participante P3).

É pertinente salientar que fertilizante é uma "substância mineral ou orgânica, natural ou sintética, fornecedora de um ou mais nutrientes de plantas"[182].

Analisando a resposta do aluno P5, verifica-se como é importante desmistificar alguns conceitos, como o de defensivo agrícola, que podem mascarar o verdadeiro perigo do uso dos agrotóxicos na produção de alimentos.

> *[...] defensivos agrícolas e remédios de plantas, ambos são utilizados para tratar as plantas [...] todas as opções da questão 07 podem ser consideradas agroquímicos e utilizam a química para o benefício da agricultura.* (Participante P5).

---

[182] BRASIL. Casa Civil. **Decreto n.º 4.954, de 14 de janeiro de 2004**. Regulamento da lei n.º 6.894, de 16 de dezembro de 1980, que dispõe sobre a inspeção e fiscalização da produção e do comércio de fertilizantes, corretivos, inoculantes, ou biofertilizantes, remineralizadores e substratos para plantas destinados à agricultura.

A partir do aprofundamento bibliográfico, percebe-se que a denominação "defensivo agrícola" pode ser utilizada para amenizar os riscos do uso dos agrotóxicos, entretanto entendo que existe uma grande polêmica entre os termos "defensivo agrícola" e "agrotóxico". Essa discussão está relacionada ao significado que esses termos podem trazer. Por exemplo, quando se fala em defensivo agrícola, acredita-se que esse vocábulo expressa substâncias que são boas, defendem a lavoura de pragas, diferentemente da palavra agrotóxico. Sabe-se que, de um lado, existem as indústrias e os comerciantes, os quais têm interesse em divulgar que os "defensivos" não trazem prejuízos à saúde do homem; de outro, profissionais da área da saúde engajados na posição de que os agrotóxicos, na realidade, fazem muito mal à saúde humana e aos ecossistemas nos quais são aplicados.

Por outro lado, investigando o retorno do participante P11, observa-se como existe a ideia correta que se uma substância química mata um ser vivo, ela é considerada um veneno.

> *Agrotóxicos, Pesticidas, Praguicidas matam, ou seja, estão relacionados com venenos agrícolas.* (Participante P11).

A pergunta n.º 09 QI tinha como objetivo verificar se os participantes poderiam conceituar o que são substâncias químicas utilizadas no controle de pragas e doenças de plantas na agricultura. Obtiveram-se repostas de todos os tipos, muitas delas descrevendo que essas substâncias matam seres vivos que podem prejudicar as plantações agrícolas, mas poucos entendem o real perigo que elas podem causar ao ambiente e, consequentemente, à saúde humana. Conforme já explanado na revisão bibliográfica desta pesquisa, segundo a EPA[183], o efeito do pesticida depende do princípio ativo nele existente. Os sintomas podem ser diversos, desde irritação da pele, até problemas hormonais e o desenvolvimento de câncer. Já relacionado aos riscos ao meio ambiente, afirma-se que resíduos dessas substâncias químicas podem permanecer no ambiente por longos períodos e causar impactos

[183] EPA. **Environmental Protection Agency**. Disponível em: <www.epa.gov/pesticides/reregistration/statusop. htm>. Acesso em: 10 dez. 2014.

danosos a diferentes ecossistemas. Relembra-se, também, a importância do monitoramento desses compostos em diferentes matrizes como ar, água, solo, sedimento e alimentos para que esses problemas ambientais sejam minimizados e/ou evitados[184].

Durante a análise dos documentos, percebi em apenas uma resposta houve uma certa preocupação com a saúde humana.

> *São substâncias capazes de combater os micro-organismos nocivos às plantas, mas não podem ser tóxicas para elas e para os seres humanas.* (Participante P1).

A resposta adequada do cursista P1 pode estar relacionada a sua formação, uma vez que esse participante possui mestrado e doutorado em Bioquímica.

Outro participante fala sobre a saúde humana, mas possui um conhecimento impróprio sobre os agrotóxicos, o que se pode perceber em sua resposta:

> *Substâncias que visam impedir que as plantas sofram algum tipo de infestação ou ataque. Podem gerar odores que espantam, por exemplo, insetos, ou deixam a planta com "sabor ruim" no caso de pragas. Mas não são nocivas aos humanos ou animais!* (Participante P8).

Trechos das respostas dos participantes P6 e P12 são citados a seguir, podendo ser observadas ideias equivocadas dos alunos do curso ministrado, o que poderia levá-los a abordar a temática agrotóxicos de forma inadequada dentro do espaço escolar:

> [...] são substâncias utilizadas para auxiliar no controle de pragas nas lavouras, bem como ajudar na produção do agronegócio. Somente quando utilizadas em excesso prejudicam o meio ambiente. (Participante P6).
>
> [...] são produtos químicos usados para manter as plantas saudáveis, podendo ser através do controle de insetos que podem danificar as plantas [...]. (Participante P12).

---

[184] FLORES, A. V. et al. Organoclorados: um problema de saúde pública. **Ambiente & Sociedade**, Campinas, v. 7, n. 2, p. 111-124, 2004.

A questão n.º 10 indagava sobre a opinião dos cursistas sobre o uso de substâncias químicas no controle de pragas e doenças de plantas na agricultura.

Os participantes P1, P3, P6, P12 e P13, em suas respostas, dizem que o uso de Produtos Químicos na agricultura é importante e fundamental na agricultura, mas com algumas contraposições: "Utilização de forma adequada", "Dosagem correta e controlada" e "visando à saúde das pessoas, não somente o lucro".

Já outros alunos (P14 e P16) são favoráveis ao uso de substâncias químicas na produção agrícola, e podemos observar em suas respostas algumas justificativas de por que são a favor:

> *Foi um avanço na produção agrícola, pois é produzido bem mais alimentos que antes e muitas vezes ainda duram mais.* (Participantes P14).
>
> *Sem o uso de agrotóxicos não seria possível produzir a quantidade de alimentos que é produzida atualmente, então considero importante o uso de agrotóxico.* (Participante P16).

Os alunos P2, P8, P9, P10 e P11 tentam, em suas respostas, descrever atitudes sustentáveis na agricultura sem o uso de substâncias químicas, ou alternativas capazes de diminuir o uso delas:

> *Penso que em dosagem adequada podem ser úteis e não nocivas. Mas atualmente muitas estão sendo substituídas por controle biológico.* (Participante P2).
>
> *Acredito que existam formas naturais de controle, sendo possível cuidar de uma plantação sem a utilização de produtos químicos.* (Participante P8).
>
> *Não sou contra o uso de substâncias químicas na agricultura, porém acredito que não há um controle eficiente do tipo e nem da quantidade de produto utilizados nas lavouras, o que acarreta em prejuízos ambientais e para saúde da população. Penso que deveria se ter mais pesquisa e incentivo ao uso de substâncias menos agressivas e a produção de alimentos orgânicos.* (Participante P9).
>
> *Acredito que quanto mais natural melhor, porém o meu conhecimento não permite ter uma ideia mais aprofundada do real problema do uso de agrotóxicos.* (Participante P10).

> *Hoje um mal necessário se olharmos pelo âmbito de escala de produção e preço de alimentos, por outro lado, pela qualidade de vida e saúde de alimentos orgânicos, e não agridem nosso corpo como os que têm contato com fertilizantes químicos e agrotóxicos.* (Participante P11).

Os participantes P4 e P15 entendem que os produtos químicos usados na produção de alimentos podem prejudicar o meio ambiente, consequentemente, a saúde humana, mas ainda que economicamente o uso dessas substâncias seja necessário na geração agrícola em grande escala:

> *Acredito que o melhor para a humanidade seria estarmos livres de substâncias tóxicas, mas economicamente para termos a grande produção mundial de alimentos viável ainda é necessário a utilização dos mesmos.* (Participante P4).
>
> *É um "mal necessário", sei que elas afetam ecossistemas, causam doenças [...] digo que são necessárias, pois sem elas a produção de alimentos iria cair consideravelmente (imagino eu) e o preço dos alimentos subiria muito.* (Participante P15).

Os alunos P5 e P7 demonstram, em seus argumentos, um conhecimento de que quando usamos substâncias químicas na agricultura, podemos contaminar o meio ambiente e causar doenças graves à saúde humana, como o câncer, por exemplo.

> *Acredito que não seja bom para nós, seres humanos, uma vez que muitas dessas substâncias possuem alta toxicidade não só para as pragas, mas também para nós seres humanos. Podendo inclusive contaminar solos e lençóis freáticos.* (Participante P5).
>
> *Se houve testes cancerígenos, teratogênicos ou similares e passar, acho que pode ser utilizado. Do contrário, não. Existem substâncias químicas usadas na agricultura brasileira, porém, estas são proibidas em outros países. O Brasil, infelizmente é dominado pelas empresas do ramo agrícola e detém o poder político para liberação do uso de agrotóxicos.* (Participante P7).

A questão n.º 11 indagava os participantes se eles trabalhariam a temática "agrotóxico" no ensino médio, com quais conteúdos de Química relacionariam o tema e quais estratégicas didáticas utilizariam. É pertinente salientar que acrescido ao fato do tema "agrotóxico" ser referendado na legislação educacional da área, desde 2008 nosso país é considerado o maior consumidor de agrotóxicos do mundo[185]. Dessa forma, o questionamento apresenta considerável importância para guiar o processo de formação dos professores. Analisando as respostas, percebe-se como os alunos do curso possuem certa dificuldade em descrever as estratégias didáticas que abordariam dentro do espaço escolar para ministrar a temática em questão no ensino médio. Somente quatro participantes (P3, P6, P14 e P15), disseram que trabalhariam de forma interdisciplinar com outras disciplinas como Biologia e Geografia, explicando os processos biológicos envolvidos na agricultura e os impactos ambientais que os agrotóxicos podem causar. Outros alunos (P2, P4 e P5) desenvolveram suas respostas explicando como abordariam o tema. O aluno P2 propõe uma aula prática com os alunos, explicando a diferença entre adubos orgânicos e agroquímicos:

> [...] *pode-se fazer o estudo comparativo desta utilização com a adubagem orgânica. Pode-se construir uma composteira, cultivar plantas de modo e com o uso de agroquímicos do tipo NPK.* (Participante P2).

Outras respostas demonstram algumas ideias dos integrantes da extensão universitária:

> *Poderíamos relacionar o tema com compostos orgânicos. Poderia ser proposto que os alunos relacionassem notícias, artigos, ou outros meios de divulgação sobre o tema, discutir em grupo, montar painéis, entrevistar pessoas sobre o tema.* (Participante P4).
>
> *Acredito que seria possível no ensino de química orgânica* [...] *poderia se trabalhar com identificação de funções orgânicas, propriedades dos compostos orgânicos, de que forma afetam a sociedade. Poderiam ser planejados trabalhos envolvendo a influência do seu uso na sociedade, debates sobre o uso ou não de agrotóxicos, de qual forma poderiam evitar seu uso.* (Participante P5).

Todos os participantes do curso acreditam que é possível trabalhar o tema agrotóxicos no ensino de Química. Dois deles (P1 e P10) não souberam

---

185 MAPA. **Ministério da Agricultura, Pecuária e Abastecimento**. Disponível em: <http://www.agricultura.gov. br/ministerio>. Acesso em: 05 nov. 2014.

dizer com quais conteúdos relacionariam, os outros 14 alunos descreveram com qual(is) tema(s) associariam essa temática com a Química (Gráfico 5).

A questão do desconhecimento de qual metodologia utilizar ou com quais conteúdos relacionar o tema agrotóxicos está relacionada, possivelmente, ao tempo de magistério de cada docente, à sua formação continuada, às leituras específicas realizadas por cada um deles. Os docentes que mais detalharam os conteúdos e metodologias a serem utilizadas foram aqueles com maior tempo de exercício de docência.

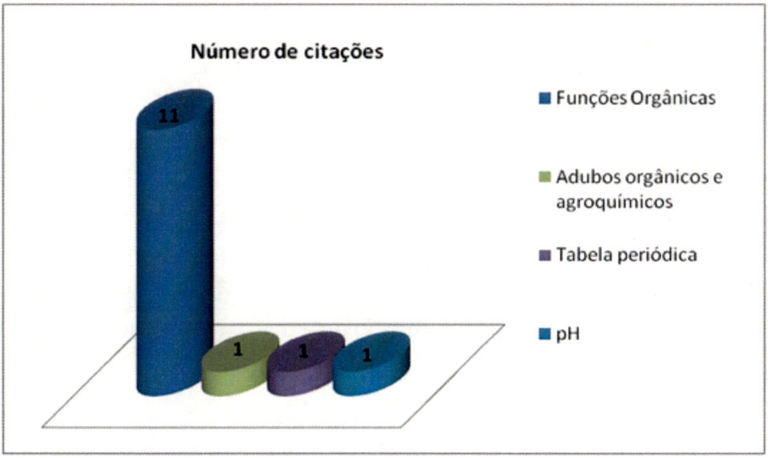

GRÁFICO 5 – CONTEÚDOS DE QUÍMICA QUE OS ALUNOS RELACIONARIAM COM O TEMA AGROTÓXICOS (QI)

FONTE: o autor

A pergunta 12 do QI indagava para os participantes se eles consideravam que a utilização e o descarte incorreto de agrotóxicos poderiam gerar problemas ao ser humano e agressões ao meio ambiente. Analisando as respostas dos 16 alunos do curso, verificou-se que todos consideram que os agrotóxicos podem prejudicar o meio ambiente, como um todo, inclusive tudo que faz parte integral dele (seres vivos).

Essa constatação se faz presente na afirmação de Flores et al.[186], quando dizem que a aplicação de agrotóxicos pode contaminar o solo e os sistemas hídricos, levando a uma degradação ambiental que teria como efeito danos à saúde e alterações importantes nos ecossistemas. Sendo empregados na agricultura, os pesticidas podem seguir diferentes rotas no ambiente[187]. Segundo Scorza Junior et. al.[188], menos de 10% dos agrotóxicos aplicados por pulverização atingem seu alvo. Os mesmos autores asseveram que os agrotóxicos são aplicados diretamente nas plantas ou no solo, e mesmo aqueles aplicados diretamente nas plantas têm como destino final o solo, sendo lavados das folhas por meio da ação da chuva ou da água de irrigação.

Percebe-se, de uma maneira geral, nas respostas analisadas, que a pergunta incentivou os ouvintes a descreverem suas ideias a respeito de problemas ambientais que agrotóxicos podem causar. Muitos entendem que é bastante complexo o comportamento dos agrotóxicos no meio ambiente, entretanto possuem o conhecimento que, independentemente da maneira como são aplicadas essas substâncias químicas, possuem uma grande probabilidade de atingirem as diferentes matrizes ambientais. Além disso, qualquer que seja o caminho do agrotóxico no meio ambiente, invariavelmente o homem é seu potencial receptor.

É pertinente descrever quatro respostas dos ouvintes (P3, P4, P5 e P15) com essas ideias e outras informações, tentando expressar como eles percebem os riscos que os agrotóxicos podem causar ao meio ambiente:

> *O uso do agrotóxico requer cuidados não só na maneira quanto no descarte de suas embalagens. A quantidade utilizada, o tipo de agrotóxico e o que é feito com suas embalagens (processo de descarte) são informações que poderiam ser informadas ao consumidor do produto em algum momento.* (Participante P3).

---

[186] FLORES, A. V. et al. Organoclorados: um problema de saúde pública. **Ambiente & Sociedade**, Campinas, v. 7, n. 2, p. 111-124, 2004.

[187] DELLAMATRICE, P. M.; MONTEIRO, R. T. R. Principais aspectos da poluição de rios brasileiros por pesticidas. **Rev. bras. eng. agríc. ambient.**, Campina Grande, v. 18, n. 12, p. 1296-1301, dez. 2014.

[188] SCORZA JUNIOR, R. P.; NÉVOLA, F. A.; AYELO, V. S. Avaliação da contaminação hídrica por agrotóxico. **Boletim de pesquisa e desenvolvimento**. Dourados: Embrapa Agropecuária Oeste, 2010.

> *A utilização e o descarte incorreto de agrotóxicos podem gerar problemas ao ser humano e agressões ao ambiente. Tratando-se de substâncias tóxicas devem ser descartadas adequadamente para não poluírem ainda mais o solo, rios e atmosfera. Nas grandes cooperativas existem programas para recolhimento e descarte das embalagens, assim como treinamento para os trabalhadores utilizarem os equipamentos de proteção individual ao manipularem estas substâncias. Sabemos que a maioria dos agricultores adquirem doenças relacionadas à contaminação por agrotóxicos.* (Participante P4).
>
> *Com certeza! Através da contaminação dos solos, lençóis freáticos, e não só isso o próprio equilíbrio ambiental detido as populações de insetos e dos que se alimentam dos mesmos.* (Participantes P5).
>
> *Considero que sim. Alguns agrotóxicos têm efeitos nos seres humanos desde alergias até alucinações, afinal, são venenos e em quantidade errada, qualquer substância faz mal. No meio ambiente eles podem destruir um ecossistema, acabando, por exemplo, com a população inteira de insetos.* (Participante P15).

6.2 ANÁLISE DO QUESTIONÁRIO FINAL

Após a implementação da proposta de extensão universitária para fornecer aos professores e futuros professores de Química da Educação Básica um desenvolvimento teórico e prático para o trabalho com a metodologia de RP, a partir de temáticas ambientais contemporâneas e, além disso, discutir aspectos conceituais de Química e EA associados à metodologia de RP foi aplicado outro questionário. A análise desse questionário evidenciou resultados significativos relacionados à formação de professores na aplicação da metodologia de RP e do aporte teórico sobre o tema ambiental agrotóxicos. É importante lembrar que esse QF tem algumas questões similares ao inicial e teve como objetivo averiguar as opiniões dos participantes em relação ao trabalho com a metodologia de RP associada às temáticas da EA, como a dos agrotóxicos.

O interesse na análise dos questionários inicial e final era verificar o perfil, as características, as opiniões e o conhecimento do grupo de integrantes do curso de extensão acadêmica, e não cada aluno individualmente. Dessa maneira, foram utilizadas as nomenclaturas PX (QI) e AX (QF), identificando o número do aluno aleatoriamente, não podendo comparar as respostas de cada aluno com sua própria resposta nos questionários, e sim fazer uma comparação do grupo como um todo.

6.2.1 As opiniões sobre a metodologia de resolução de problemas

A pergunta n.º 01 do QF teve como objetivo averiguar se as atividades de RP desenvolvidas no curso de extensão contribuíram para esclarecer dúvidas sobre como trabalhar alguns conteúdos escolares de Química e EA. Caso a resposta dos alunos fosse sim, foi solicitado para exemplificarem. Todos os 16 participantes afirmam que sim, e surgiram alguns exemplos como: Equilíbrio químico, cinética química, equação química, química orgânica, tabela periódica, ligações químicas, consumo consciente da água, reciclagem, poluição atmosférica, poluição das águas, lixo e resíduos e agrotóxicos. Esse último citado por cinco alunos (A2, A5, A9, A10, A14).

Alguns alunos, além de exemplificarem, contribuíram em suas descrições como a metodologia de RP pode ajudar significativamente no processo de ensino e aprendizagem:

> [...] *a RP é um ótimo meio para trabalhar conteúdos que estão relacionados com o cotidiano dos nossos alunos e permitir que eles entendam a importância da química nas suas vidas.* (Aluno A3).
>
> *Sim, creio que não só contribuíram para tirar dúvidas, mas deram muitos exemplos de como trabalhar temas com ideias variáveis, "linkando" aos conteúdos de Química. Por exemplo, uma ótima maneira de trabalharmos os conteúdos de orgânica é usando a temática agrotóxicos, assim não fica uma aula maçante só de moléculas sem contexto.* (Aluno A5).
>
> [...] *a prática de RP é uma metodologia nova e pode ser atrativa para o aluno, pois dessa forma ele pode vivenciar o cotidiano, e estudar Química de uma maneira mais real e aplicada.* (Aluno A6).

> [...] *este método (RP) permite ao aluno uma maior interação com o conteúdo e permite desenvolver o raciocínio intelectual, bem como socializar o aluno com os problemas sociais e ambientais.* (Aluno A11).

Outra contribuição que considero pertinente destacar é uma evolução individual do conhecimento que o próprio aluno faz sobre o tema "agrotóxico":

> [...] *antes do curso nunca tinha pensado em trabalhar com o tema agrotóxicos nas aulas de Química, até porque não tinha nenhum conhecimento sobre este assunto. Conhecer os tipos de agrotóxicos, perigos que podem causar no ambiente, suas classificações e legislação, foi fundamental para possibilitar o uso da temática agrotóxicos na escola.* (Aluno A9).

Por intermédio dos conteúdos ministrados no curso e pela vivência da RP, os docentes puderam perceber novas possibilidades de trabalho em sala de aula. Além disso, constataram que a metodologia de RP é uma prática diferenciada em que há maior interação do aluno com o conteúdo e esse conteúdo pode partir da realidade, do cotidiano do educando.

De acordo com Guimarães[189], o educador tem um papel importante no processo de conscientização dos alunos sobre as questões ambientais. Logo, o professor necessita de formação para trabalhar os conceitos da EA associados aos conhecimentos escolares, de maneira a promover uma aprendizagem que propicie ao educando confrontar criticamente diferentes valores em busca de uma síntese pessoal que refletirá em novas atitudes.

A questão n.º 02 solicitava a opinião dos alunos sobre "a experiência de estudar e vivenciar a RP no papel do aluno. No curso de extensão, motivaram-nos a utilizar a metodologia em sua prática profissional". Os 16 participantes afirmaram que o curso foi motivador para utilizar a metodologia de RP dentro do espaço escolar. Algumas respostas estão listadas a seguir:

---

189 GUIMARÃES, M. Educação Ambiental pra quê? In: SENAC. **Educação ambiental: temas, teoria e prática**. Rio de Janeiro: Senac Nacional, 2008.

> *Com certeza, pois através do vivenciamento como aluno foi possível fazer uma autoavaliação de cada etapa trabalhada com os alunos e continuar refletindo, para que a prática seja aprimorada.* (Aluno A1).
>
> *Sim. Como temos com essa metodologia que buscar as respostas através de pesquisa, acabamos organizando o pensamento de forma a prever quais as dificuldades que os alunos podem encontrar.* (Aluno A2).
>
> [...] *o curso mostrou um método alternativo de ensino que se mostra muito mais eficiente que o tradicional* [...]. (Aluno A3).
>
> [...] *é uma técnica animadora, diferenciada e que envolve não só conteúdos, mas organização, planejamento, iniciativa entre outros.* (Aluno A5).
>
> *Sim, conhecer passo a passo da pesquisa ajuda até na elaboração do problema. Pensar como um aluno, permite perceber em que etapa da resolução eles podem ter mais dificuldades.* (Aluno A7).

Um dos participantes do curso expõe sua ideia, salientando que a metodologia de RP exige um maior comprometimento por parte do professor:

> *A aplicação de metodologia de RP será utilizada em minhas aulas, mesmo sendo um pouco trabalhoso para o professor, pois precisamos estudar mais e se preparar melhor, considerando as inúmeras perguntas que podem surgir nas discussões, mas é muito importante como ferramenta para aprendizagem dos alunos.* (Aluno A4).

Outro aluno demonstra, em sua opinião, como sua experiência como docente e provavelmente alguns anos em sala de aula, pode "engessar" o professor a utilizar somente métodos tradicionais de ensino:

> *Sim, motivaram, mas como professora mais antiga, de outra geração, sinto dificuldade em aplicar este método no ensino, é conflitante ao método tradicional e o ajuste é difícil.* (Aluno A6).

Diante desses resultados, entendo que o processo de formação vivenciado no curso de extensão favoreceu o desenvolvimento de conhecimentos práticos e teóricos sobre a metodologia de RP. Ainda que as atividades do curso se aproximem dos critérios apontados por Perrenout[190] como essenciais a uma formação de qualidade, Carvalho e Gil-Pérez[191] entendem que a formação do professor gerará mudanças nas didáticas escolares quando essas ações possibilitarem aprofundamento teórico e a experiência das novas propostas de ensino.

Na questão n.º 03, perguntou-se para os ouvintes do curso de extensão, em qual situação no processo de ensino e aprendizagem a metodologia de RP é mais apropriada. Apenas o aluno A3 disse que esse método de ensino é mais adequado para ser usado na introdução de novos conteúdos:

> *Acredito que a RP como introdução de conteúdo permite que os alunos tenham mais interesse ao conteúdo, principalmente quando eles puderem relacionar o conteúdo de ser trabalhado.* (Aluno A3).

Um aluno (A4) do curso afirmou que a RP é mais eficaz quando utilizada para aprofundar conteúdos que estão sendo trabalhados:

> *Acredito que para aprofundar conteúdos, principalmente para o ensino médio, com o objetivo de deixar os alunos menos dependentes do professor.* (Aluno A4).

Outros quatro alunos (A9, A12, A14 e A15) acreditam que quando utilizarmos a metodologia de RP como atividade de fechamento de uma sequência de conteúdos, ela poderá gerar uma aprendizagem mais significativa:

> *Eu prefiro utilizá-la com fechamento de um conteúdo, pois utilizando a metodologia com uma atividade de fechamento de conteúdos os alunos já têm uma base sobre o assunto a ser pesquisado e talvez isso seja positivo para alunos que não conhecem essa metodologia.* (Aluno A9).

Os outros 10 participantes (A1, A2, A5, A6, A7, A8, A10, A11 A13 e A16) entendem que essa metodologia é apropriada tanto no início, no aprofundamento ou no fechamento de conteúdos:

---

190 PERRENOUT, P. et al. **As competências para ensinar no século XXI:** A formação dos professores e o desafio da avaliação. Porto Alegre: Artmed, 2002.

191 CARVALHO, A.M.P.; GIL-PÉREZ, D.; **Formação de Professores de Ciências:** tendências e inovações. São Paulo: Cortez, 2006.

> *Acredito que a versatilidade dessa metodologia permite a aplicação em qualquer etapa de aprendizagem. Apenas tem-se que adequar os problemas de acordo com o objetivo que se quer alcançar, mesmo assim pode ser usada em qualquer etapa* (Aluno A2).
>
> *Penso que pode ser aplicado em qualquer etapa do desenvolvimento dos conteúdos, basta ter um bom planejamento uma boa proposta, objetivos definidos e organização* (Aluno A6).

Desses 10 integrantes do curso, dois deles (A10 e A11), acreditam que pode ser usada a RP em qualquer etapa de ensino, mas preferem usá-la para introduzir novos conteúdos:

> *Acho que as três maneiras são válidas. Tudo depende do conteúdo, se há necessidade de alguns conhecimentos prévios. Mas preferencialmente, no início como* ***motivador***. (Aluno A10, grifo nosso).
>
> [...] *em equilíbrio químico, por exemplo, pode-se introduzir este conteúdo com a RP sobre o mergulho em altas profundidades* [...]. (Aluno A11).

As respostas analisadas demonstram certa motivação por parte dos cursistas em relação à RP. A metodologia em questão fez os professores repensarem suas práticas e apontam para uma mudança nessas, apesar das dificuldades.

6.2.2 Conhecimentos posteriores sobre o tema ambiental agrotóxicos

A questão n.º 04 solicitava que os alunos descrevessem com suas próprias palavras o conceito de substâncias químicas utilizadas no controle de pragas e doenças de plantas na agricultura. Os mesmos, em suas respostas, chamam essas substâncias de agrotóxicos e alguns de seus sinônimos (Figura 1), e conceituaram de diversas maneiras diferentes. Não acredito ser pertinente fazer a comparação do conceito de agrotóxicos proposto na legislação[192], por exemplo, com as contribuições dos alunos do curso,

[192] A Lei dos Agrotóxicos de 1989, e o decreto que a regimenta, de 2002, deliberam que essas substâncias são os produtos e os agentes de processos físicos, químicos ou biológicos, destinados ao uso nos setores de produção, no armazenamento e beneficiamento de produtos agrícolas, pastagens,

mas sim observar que no QI, apenas um aluno falou sobre os problemas ambientais que os agrotóxicos podem causar, já nesse questionário, oito dos integrantes (A1, A2, A4, A6, A10, A11, A13, A15) do curso, em suas respostas, chamaram a atenção dos problemas ambientais que os agrotóxicos causam, inclusive danos à saúde dos seres vivos:

> *Agrotóxicos são essas substâncias que além de agirem com finalidade, também causam danos irreparáveis ao ser vivo e ao meio ambiente, já que também possuem toxicidade.* (Aluno A1).
>
> [...] *além disso, podem ter efeito acumulativo, chegando à mesa do consumidor.* (Aluno A2).
>
> *São substâncias tóxicas* [...] *contaminam o solo, a água, o ar e principalmente as culturas onde são aplicados.* (Aluno A4).
>
> [...] *substâncias lucrativas para a indústria, comércio e governo, mas que possuem um poder extremamente tóxico, nocivo e prejudicial ao homem (uso direto e indireto) e ao ambiente, a curto e longo prazo, e também para o estado, via controle de saúde pública e do ambiente.* (Aluno A6).
>
> *São venenos* [...] *a médio e longo prazo, fazem mal ao ambiente e a nós humanos* [...]. (Aluno A10).
>
> [...] *são substâncias com diversos graus de toxicidade e que podem causar as mais variadas patologias, como o câncer, por exemplo* [...]. (Aluno A11).
>
> [...] *em muitos casos, são tóxicas para os humanos, para as próprias plantas e para o meio ambiente.* (Aluno A13)
>
> [...] *fazem mal à saúde do agricultor, prejudicam o solo, águas e os consumidores.* (Aluno A15).

Realizei essa opção de comparação, pois compreendo que o objetivo maior do curso era ampliar o conhecimento dos cursistas sobre os reais riscos ao ambiente e à saúde humana que os agrotóxicos apresentam. Além disso, os PCN+[193]e as Orientações Curriculares para o Ensino Médio[194]

---

na proteção de florestas, nativas ou implantadas, e de outros ecossistemas e também de ambientes urbanos, hídricos e industriais, cuja finalidade seja alterar a composição da flora ou da fauna, a fim de preservá-la da ação danosa de seres vivos considerados nocivos.

193 BRASIL. Ministério da Educação. Secretaria da Educação Média e Tecnológica. **PCN+ Ensino Médio**: Orientações Educacionais complementares aos parâmetros curriculares nacionais. Brasília: MEC/Semtec, 2002.

194 Idem. Ministério da Educação. Secretaria da Educação Básica. **Orientações Curriculares para o Ensino Médio**, v. 2, 2006.

sugerem a discussão sobre a utilização dos agrotóxicos e sua ação como poluente, visando ao desenvolvimento de consciência sobre a importância da sustentabilidade ambiental e socioambiental, articulado ao estudo dos conteúdos escolares.

Os integrantes do curso foram indagados na questão n.º 05, sobre qual a opinião deles sobre o uso de substâncias químicas no controle de pragas e doenças de plantas na agricultura. Obtiveram-se respostas[195] bem diferentes das descritas no QI. Analisando as respostas do QF, verifica-se que 13 alunos (A1, A2, A3, A4, A5, A6, A8, A9, A11, A14, A15, A16), ou seja, praticamente todos do curso, são contra o uso de substâncias químicas na agricultura:

> *Deveria ser banido o uso desses produtos, a substituição dos mesmos na agricultura deve ser imediata, para assim ser possível uma alimentação realmente saudável.* (Aluno A1).
>
> *Não é necessário o uso dessas substâncias, pois existem alternativas naturais para o controle do plantio.* (Aluno A2).
>
> *Sou contra, pois o uso dessas substâncias tem sido irresponsável, de modo a ignorar riscos à saúde e a maximizar lucros na produção.* (Aluno A3).
>
> *Como estudamos muito sobre o assunto a partir da proposta do curso, hoje posso garantir que sou contra o uso de substâncias químicas no controle de pragas e doenças de plantas, sabemos que na verdade o que importa é a questão econômica de vender estas substâncias e não se importando com a qualidade dos alimentos que chegaram à mesa do consumidor.* (Aluno A4).
>
> *Hoje em dia, com o desenvolvimento de novas tecnologias, especialmente da biotecnologia, o investimento nesta área deveria ser intenso, visando à qualidade de vida de futuras gerações e a preservação do planeta.* (Aluno A6).
>
> *Poderíamos utilizar substâncias naturais para fazer esse controle com o leite cru de vaca, no controle de herbicidas. Mantendo solo e água saudáveis, assim como a saúde humana.* (Aluno A15).

[195] No QI, cinco alunos disseram que é importante o uso de substâncias químicas na agricultura, mas com algumas contraposições, dois a favor, dois contra, dois disseram que é um "mal necessário" e cinco são imparciais nas respostas, mas propõem métodos de cultivo alternativos na agricultura.

Os outros três alunos (A7, A10 e A13) não são contra o uso dessas substâncias na agricultura, principalmente por questões políticas, econômicas e culturais, mas percebeu-se, em suas respostas, a preocupação que possuem, mesmo entendendo que os produtos químicos são necessários na agricultura:

> *Na verdade, não sou contra o seu uso desde que seja feito de maneira controlada. Os órgãos fiscalizadores deveriam trazer maiores informações sobre quais agrotóxicos foram utilizados e que quantidades foram aplicadas.* (Aluno A7).
>
> *No momento econômico que estamos, infelizmente, é necessário. Mas, se houver interesse da União em diminuir o uso destes venenos e incentivar o uso de recursos naturais, a longo prazo, isso seria mudado.* (Aluno A10).
>
> *Acredito que seja sim importante a pesquisa e busca por substâncias que sejam úteis para agricultura. No entanto, quando os interesses econômicos superam o propósito original, passamos a ter um grave problema social, político e de saúde.* (Aluno A13).

A interrogação n.º 06 tinha como objetivo averiguar se os integrantes da ação de extensão universitária achavam possível trabalhar com a temática agrotóxicos no ensino médio e/ou técnico, quais as estratégias didáticas utilizariam e com quais conteúdos de Química relacionariam o tema. Analisando as respostas, constatou-se que todos os 16 participantes consideram possível trabalhar essa temática no ensino de Química. Percebeu-se, novamente[196], como eles tiveram uma grande dificuldade de descrever as estratégias didáticas que utilizariam, apenas seis alunos (A1, A5, A9, A10, A12 e A13) expressaram algumas estratégias pedagógicas como: a utilização de vídeos, a metodologia de RP e a interdisciplinaridade (Gráfico 6).

[196] No QI apenas sete alunos descreveram estratégias didáticas que utilizariam para trabalhar o tema "agrotóxicos": interdisciplinaridade, experiências, montagem de painéis, entrevistas e debates.

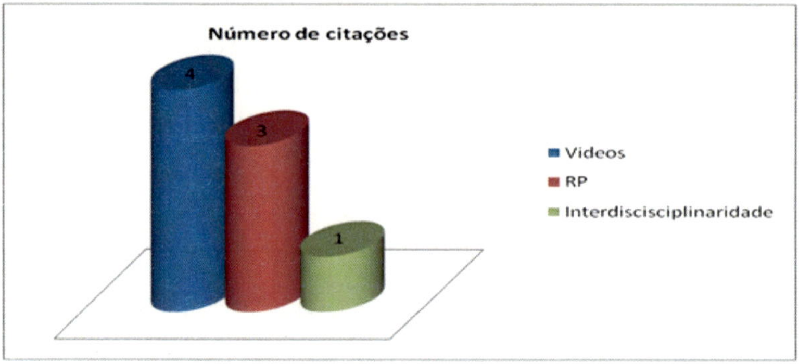

GRÁFICO 6 – ESTRATÉGIAS DIDÁTICAS QUE UTILIZARIAM PARA TRABALHAR O TEMA AGROTÓXICOS

FONTE: o autor

Referente aos conteúdos químicos que relacionariam ao tema agrotóxicos, percebeu-se uma grande evolução do grupo se compararmos com as respostas com o QI[197]. No início do curso, os professores não conseguiam perceber as possibilidades de ensino de Química que esse tema pode oferecer, já no final do curso, os docentes e futuros docentes de Química já entendem que essa temática ambiental agrotóxicos pode ser relacionada com vários conteúdos de Química na educação básica. Assim, foram citados: funções orgânicas, tabela periódica, reações químicas, ligações químicas, soluções, funções inorgânicas, poluição ambiental e cinética química. O número de aparições de cada tema está descrito no Gráfico 7.

[197] Conteúdos citados: Funções orgânicas (11 vezes), adubo orgânico e agroquímicos, tabela periódica, e pH citados 1 vez cada um.

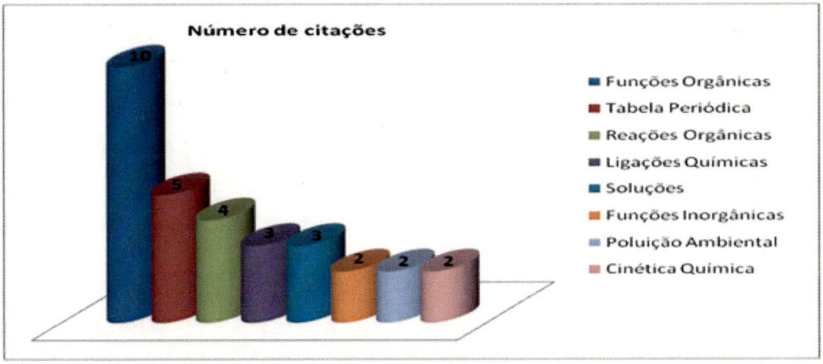

GRÁFICO 7 – CONTEÚDOS DE QUÍMICA QUE OS ALUNOS RELACIONARIAM COM O TEMA AGROTÓXICOS (QF)

FONTE: o autor

Quando questionados novamente se eles consideravam que a utilização e o descarte incorreto de agrotóxicos poderiam gerar problemas ao ser humano e agressões ao ambiente (questão n.º 07), os alunos do curso de extensão universitária, por unanimidade, descreveram vários problemas ambientais causados por agrotóxicos, muitos enfatizando os ensinamentos da formação em questão que participaram, algumas respostas são descritas a seguir:

> *Não há dúvidas que gere problemas ambientais, uma vez que como foi aprendido no decorrer do curso, pode ocorrer intoxicação dos animais pela simples alimentação de algum produto contaminado, pode haver também o espalhamento desses venenos para os diferentes biomas causando desequilíbrio ambiental.* (Aluno A1).

> *Com certeza, agrotóxicos são substâncias altamente nocivas e tóxicas, muitas devido a sua estrutura são solúveis em H^2O, podem contaminar mananciais, vida aquática e solos.* (Aluno A2).

> *Sim, vários problemas. Como visto ao longo do curso, podem ocorrer mortes de organismos essenciais ao ecossistema, surgimento de doenças como o câncer, Alzheimeir, mal de Parkinson, problemas cardíacos. Dentre outros riscos ao meio ambiente como contaminação de águas, morte de plantas nativas e total desequilíbrio do ecossistema.* (Aluno A5).

Considero que as colocações dos cursistas estão próximas às descrições dos problemas apontados na literatura que foi utilizada para a elaboração dos materiais didáticos e dos problemas que foram elaborados para o curso[198,199,200]. Essa característica é um indicativo da contribuição do curso de formação para o aprofundamento conceitual dos alunos.

6.3 ETAPAS DO MÓDULO I: MEMÓRIAS DO CURSO DE FORMAÇÃO

Embora o curso de extensão acadêmica seja estruturado em três módulos (Tabela 6), além das informações dos questionários inicial e final, os outros dados para análise na presente pesquisa foram coletados durante o desenvolvimento do módulo I da extensão universitária, pois julguei suficientes em nível de uma pesquisa para este livro. As outras informações coletadas durante o restante do curso, principalmente no módulo III, durante o qual os professores e futuros professores produziram problemas e aplicaram a metodologia de RP na educação básica, são dados que serão discutidos e analisados em uma outra pesquisa a qual já está sendo realizada por mim.

Durante a primeira aula do módulo I, professores da UFRGS, envolvidos no curso, e eu apresentamo-nos aos alunos e, em seguida, solicitamos que eles fizessem o mesmo com o objetivo de nos conhecermos e iniciarmos uma relação de trabalho que se estenderia por 50 horas, ou seja, a duração do curso por nós oferecido. Na sequência, apresentamos o curso e suas etapas para dar-lhes uma visão geral do que seria ministrado no total de horas com as quais trabalharíamos com os participantes.

Feitas as apresentações, entregamos o QI para que o grupo respondesse. Não houve explicação alguma, já que o nosso propósito era não os influenciar em suas respostas, pois queríamos que elas fossem as mais ori-

198 EPA. **Environmental Protection Agency**. Disponível em: <www.epa.gov/pesticides/reregistration/statusop.htm>. Acesso em: 10 dez. 2014.

199 ANVISA. **Agência Nacional de Vigilância Sanitária**. Disponível em: <http://www.anvisa.gov.br>. Acesso em: 15 out. 2014.

200 FLORES, A. V. et al. Organoclorados: um problema de saúde pública. **Ambiente & Sociedade**, Campinas, v. 7, n. 2, p. 111-124, 2004.

ginais possíveis para que a nossa análise posterior mostrasse com fidelidade suas opiniões em relação ao trabalho com a metodologia de RP e, da mesma maneira, como ocorreu a vivência desse processo para o ensino de Química.

Ao terminarem a tarefa de responder ao QI, começamos uma apresentação de slides nos quais constava a história da resolução de problemas, situações problemáticas, definição de problemas, como elaborar um problema, tipos de problemas, características de um problema, papel do professor e etapas do desenvolvimento da estratégia de resolução de problemas, os resultados já alcançados com sua utilização na educação básica e superior de Química e alguns relatos de experiência. Além, disso a apresentação abordava brevemente os aspectos teóricos sobre a metodologia, como o papel da resolução de situações-problemas no desenvolvimento científico[201], os pressupostos pedagógicos defendidos por Dewey[202] e da perspectiva sociocultural embasada em Vygotsky[203].

Conforme registros do Diário de Campo[204] dos pesquisadores, pôde-se perceber, durante a apresentação, que os alunos estavam atentos às explicações, sendo participativos, fazendo perguntas e colaborando com intervenções pertinentes aos assuntos abordados. Tudo isso enriqueceu as discussões referentes aos tópicos que estavam sendo trabalhados, tornando a aula agradável e produtiva.

6.3.1 Discussão e motivação para a atividade

Iniciamos a aula seguinte com a apresentação de slides cujo conteúdo era a explicação de vários motivos pelos quais devemos ensinar Educação Ambiental, por tudo que foi considerado na nossa revisão bibliográfica, amparados pela Lei n.º 9.795/99, falamos também da utilização da interdisciplinaridade como método para trabalhar os conteúdos concernentes a

201 LAUDAN, L. **Progress and its problems.** Towards a Theory of Scientific Growth. London: Routledge & Kegan Paul, 1977.

202 DEWEY, J. **Experiência e Educação**. Trad. de Anísio Teixeira. São Paulo: C. E.Nacional, 2010.

203 VIGOTSKI, L. S. **Pensamento e Linguagem**. São Paulo: Martins Fontes. 2011.

204 PORLÁN A. R.; MARTÍN, J. **El diario del profesor:** un recurso para la investigación en el aula. 6. ed. Sevilla: Díada, 1998.

essa disciplina. Da mesma forma, discutimos as etapas do desenvolvimento da Resolução de Problemas.

Feito isso, seguiu-se uma sequência didática adaptada de estudos anteriores[205],[206] para implementar o exercício de resolução de problemas com os cursistas. A sequência didática utilizada nesse processo formativo corresponde aos seguintes seis momentos: I. Integração dos licenciandos ao conteúdo apresentado por meio de um vídeo de motivação e da explanação feita pelas pesquisadoras, propiciando a discussão com os estudantes sobre os conteúdos e contextos presentes nos problemas a serem resolvidos; II. Organização das equipes de trabalho, que se constituiu em quatro grupos, seguida da leitura e análise dos problemas, que serão apresentados no decorrer do trabalho; III. Discussão dentro dos grupos para elaboração das hipóteses de trabalho e leitura dos materiais disponíveis para consulta que incluíam artigos científicos, livros didáticos e sites previamente selecionados pelas pesquisadoras; IV. Elaboração das apresentações com as resoluções; V. Plenária de apresentação das resoluções; VI. Debate coletivo, durante o qual as professoras formadoras realizaram um levantamento sobre as principais modelações de resolução e ressaltaram os conceitos fundamentais discutidos.

Inicialmente, com o intuito de motivarmos e instigarmos os alunos a uma posterior discussão sobre agrotóxicos, passamos um documentário intitulado "O veneno está na mesa I[207]".

Esse documentário de Sílvio Tendler pode insinuar um filme de terror, mas "O veneno está na mesa I", película do experiente documentarista brasileiro, assusta mesmo pela revelação, em vídeo, de uma realidade cotidiana: 28% dos alimentos oferecidos à população brasileira são insatisfatórios para consumo. Baseado em dossiê da Abrasco, divulgado

---

[205] PASSOS, C. G.; SANTOS, F. M. T. A Resolução de Problemas na Formação de Professores de Química Brasileiros: análise da produção. In: XV ENEQ – XV ENCONTRO NACIONAL DE ENSINO DE QUÍMICA, Brasília, 2010. **Anais**...

[206] ZULIANI, S. R. Q. A.; ÂNGELO, A. C. D. A utilização de metodologias alternativas: o método investigativo e a aprendizagem de química. In: **Educação em Ciências da pesquisa à prática docente**. Escrituras: Autores Associados, 2001.

[207] Disponível em: <https://www.youtube.com/watch?v=_YyUN-g-iR0>. Acesso em: nov. 2016.

em 2012, o filme mostra que desde 2008, quando ultrapassou os Estados Unidos, o Brasil é o país que mais utiliza agrotóxicos no mundo.

Elaborado por pesquisadores de diversas universidades federais brasileiras, o extenso relatório da Abrasco reúne dados oficiais e uma série de estudos que denunciam o descontrole do uso de agrotóxicos no Brasil e comprovam os graves e diversificados danos à saúde provocados pelo uso de biocidas. O dossiê foi divulgado e os dados foram tornados públicos. O nível médio de contaminação dos alimentos colhidos nos 26 estados do País é grave: pimentão (91,8%), morango (63,4%), pepino (57,4%), alface (54,2%) e cenoura (49,6%), apenas para citar alguns exemplos.

De acordo com os apontamentos do Diário de Campo, durante a exibição do início do vídeo, percebemos que os alunos resistiram às colocações de que agroquímicos são venenosos, demonstrando desconhecimento sobre o assunto. No decorrer da apresentação, foram feitas três pausas, que denominamos 1.º, 2.º e 3.º intervalos. Os intervalos foram planejados previamente, visando fomentar discussões sobre a utilização e os problemas ambientais causados por agrotóxicos no 1.º intervalo, sobre alternativas de cultivos sem ou com o uso de menos agrotóxicos no 2.º intervalo e finalizamos a última pausa com discussões sobre aspectos políticos e econômicos referentes a essas substâncias Químicas.

Assim sendo, no primeiro intervalo uma aluna argumentou dizendo que não podemos utilizar agrotóxicos, mas eles são necessários em algumas situações. Outra integrante questiona se agrotóxicos, fungicidas e herbicidas são sinônimos. A partir desse questionamento, eu expliquei a respeito da sinonímia dessas palavras e sobre tipos de agrotóxicos. Em seguida, uma das professoras que também ministravam o curso elucidou acerca da terminologia da legislação (agrotóxico e não defensivo agrícola).

Já no segundo intervalo, alguns alunos começaram a demonstrar que concordavam com a necessidade de alternativas para o cultivo sem agrotóxicos, relacionando o conteúdo do vídeo com suas próprias vivências. Dessa maneira, um cursista relatou sobre a alergia de sua avó com a ingestão de morangos provavelmente pela utilização de agrotóxicos no cultivo da referida fruta. Outro relato é de uma docente que trabalhava em um laboratório e afirma que identificou inúmeras irregularidades quanto aos resíduos tóxicos identificados na soja. Além disso, houve discussões a respeito da crescente produção e exportação de soja transgênica. Uma das palestrantes apontou que a soja exportada é utilizada para produção de ração animal, uma vez que alguns países não consomem alimentos transgênicos. O termo "orgânico" também esteve em pauta, gerando dúvidas a respeito de seu significado. Assim sendo, a professora palestrante interveio e esclareceu a dúvida de alguns docentes. Complementando a fala da palestrante, eu expliquei uma receita de fertilizante orgânico. Além disso, foi discutida a diferença entre agrotóxico e fertilizante.

No terceiro intervalo, a polêmica foi centralizada nas questões econômicas e políticas sobre o incentivo do uso de agrotóxicos. Dessa forma, baseado no documentário assistido, eu comentei que lideranças políticas pressionam a Anvisa sobre quais produtos a utilização é proibida e que empresas produtoras de agrotóxicos podem estar financiando campanhas políticas. Da mesma maneira, sabe-se que empresas lucram bilhões com agrotóxicos, bancos incentivam quem trabalha com transgênicos e diferentes tipos de agrotóxicos. Outras informações revelam que o Ministério da Agricultura recebe 10 vezes mais recursos para cuidar do desenvolvimento agrário e que a indústria do agronegócio não produz alimento e não colabora com a natureza, trabalhando, de fato, baseada contra a natureza. Além do mais, produtos químicos inventados para a guerra contra os homens foram transferidos para a agricultura, tais como pesticidas, herbicidas, agente laranja. Esses produtos químicos representam a morte de pessoas e não se admira que seres humanos estejam morrendo devido a esses produtos tóxicos.

6.3.2 Organização do trabalho e estruturação da atividade

Feitas as discussões e os esclarecimentos necessários, tendo em vista o documentário e as informações adicionais pautadas durante a aula, procedeu-se à elaboração dos grupos para o trabalho de RP. Assim sendo, formamos quatro grupos com quatro componentes cada e fizemos a distribuição dos dois problemas criados por nós, tendo a temática agrotóxicos como contextualização, levando em conta os eixos de discussão da nossa revisão bibliográfica. Dessa forma, dois grupos receberam o problema 1 e dois grupos o problema 2.

Distribuídos os problemas, demos tempo aos grupos para a elaboração das hipóteses de trabalho, que seriam entregues na aula seguinte, e entregamos uma lista de materiais e referências para consulta relacionada aos problemas propostos.

Os apontamentos no Diário de Campo indicaram que os grupos trabalharam ordeiramente e com atenção na tentativa de resolverem os problemas solicitados. Notamos uma colaboração dos componentes de cada grupo na esperança de lograrem êxito nas tarefas propostas.

6.3.3 Dificuldades encontradas na resolução dos problemas e hipóteses de trabalho

No decorrer da aula posterior, houve uma discussão de questões de provas do Exame Nacional do Ensino Médio (Enem) sobre EA, exposição de algumas dessas questões com foco na metodologia de RP. Além disso, ocorreram esclarecimentos das dúvidas dos grupos em relação à RP.

Dessa forma, o grupo 1, que precisava resolver o problema 1, teve dificuldades em encontrar as leis relacionadas aos agrotóxicos. Quando o grupo as encontrou, revelaram que a legislação sobre agrotóxicos é muito ampla, dificultando sua compreensão. Além disso, o grupo relatou ter tido dificuldade em localizar os limites permitidos na utilização de agrotóxicos nos alimentos. De acordo com os componentes do grupo, "o governo é conivente, não tem motivos para a legislação ser clara". Ademais, declararam ter tido facilidade em encontrar outras informações para resolverem os problemas. Afirmam que buscaram informações adicionais em outros sites governamentais, artigos científicos e rótulos de produtos comerciais, além das referências indicadas pelos professores do curso.

Notamos que o grupo 3, que necessitava resolver o problema 1, teve uma excelente organização para o trabalho em grupo, contudo também teve dificuldades em encontrar as leis específicas relacionadas a determinados agrotóxicos. Afora isso, trabalharam participativamente e com atenção à tarefa solicitada. Buscaram resolver o problema, consultando subsídios adicionais em outros sites governamentais e artigos científicos, além das referências indicadas pelos pesquisadores da proposta.

O grupo 2, que precisava resolver o problema 2, apresentou poucas dificuldades no que diz respeito à RP. Para esse grupo, as referências indicadas foram satisfatórias: sites governamentais, artigos científicos, documentários e livros.

O grupo 4, que tinha como tarefa resolver o problema 2, teve dificuldade em trabalhar e em se organizar em grupo. Apresentou, contudo, facilidade em encontrar informações e referências. Esse grupo buscou informações de jornais, trouxe várias reportagens referentes aos agrotóxicos, fez pesquisa na internet e em artigos científicos.

Dessa forma, os cursistas apresentaram menos dificuldades dos que os sujeitos normalmente encontram nas práticas de RP apontadas por Carrascosa[208]. Dentre as características da postura descritas pelo autor, os cursistas não contestaram rapidamente o problema e não se precipitaram na elaboração das respostas. Pelo contrário, os grupos refletiram e discutiram de forma calorosa para a elaboração das hipóteses e consideraram as variáveis que poderiam influenciar nas respostas. A dificuldade maior foi o acesso à legislação internacional, a falta de objetividade da legislação nacional e problemas de ordem organizacional de dois grupos.

Dentro da realidade que cerca os estudantes, e a todos de um modo geral, é comum se deparar com inúmeras situações as quais requerem posicionamentos ativos, além de empenho na busca de respostas consistentes e, por vezes, reflexivas. Entendo que a metodologia de RP promove o desenvolvimento da autonomia dos alunos e do seu pensamento crítico, permitindo também que o educando desenvolva competências essenciais

---

[208] CARRASCOSA, J. El problema de las concepciones alternativas en la actualidad (Parte I). Análisis sobre las causas que la originan y/o mantienen, **Revista Eureka sobre la Enseñanza y Divulgación de las Ciencias**, Espanha, v. 2, n. 2, p. 183-208, 2005.

para uma aprendizagem ao longo da vida, mesmo frente às inúmeras dificuldades encontradas no processo de resolução.

O ensino baseado em problemas vem dessa necessidade que a vida impõe de suplantação de desafios, e pressupõe prover nos estudantes o domínio de procedimentos e a capacidade de utilizar e buscar conhecimentos para responder a um desafio. É com esse pressuposto básico que a solução de problemas busca constituir não só os conteúdos, mas, e principalmente, uma forma de conceber as atividades didáticas[86]. Segundo Echeverría e Pozo[209], "O verdadeiro objetivo final da aprendizagem da solução de problemas é fazer com que o aluno adquira o hábito de se propor problemas e de resolvê-los como forma de aprender".

6.3.4 Os problemas semiabertos propostos no curso

Os problemas propostos no curso de extensão universitária são semiabertos, pois são dadas informações que restringem o problema dentro de um cenário específico, mas, ao mesmo tempo, permite-se que os próprios estudantes incorporem ideias e estratégias com as quais seja possível definir e resolver a tarefa. Segundo Pozo e Crespo[210], um problema semiaberto contém informações que auxiliam "o aluno a concentrar-se na tarefa prevista, mas confrontando-o, ainda, com uma tarefa aberta e não com um simples exercício."

Todos os grupos utilizaram Datashow (slides) para apresentarem e sociabilizarem para os colegas e professores a RP; a análise e a descrição das resoluções, como citado anteriormente, deram-se por meio de anotações no diário de campo, filmagens e gravações de áudio durante a apresentação na íntegra de todos os grupos, bem como as discussões acontecidas antes, durante e depois das apresentações.

---

209 ECHEVERRÍA, M.D.P. P.; POZO, J.I.; Aprender a resolver problemas e resolver problemas para aprender. In: POZO, J. I. **A solução de problemas**. Porto Alegre: Artmed, 1998. p. 15.

210 POZO, J. I.; CRESPO, M. Á. G.; A solução de problemas em ciências da natureza. In: POZO, J. I. **A solução de problemas**. Porto Alegre: Artmed, 1998. p. 67-102. p. 87.

6.3.4.1 Análise das resoluções do problema 1: plenária

O problema 1 inicia explicando que o Para (programa coordenado pela Anvisa) realizou procedimentos de coleta de alimentos em supermercados para identificar contaminações irregulares de agrotóxicos. Posteriormente, deixou a par os alunos que no cômputo geral, 29% das amostras foram consideradas insatisfatórias. Diante desses resultados, que apontam que muitos alimentos que chegam às nossas mesas estão contaminados, agentes do Para solicitaram um estudo sobre o uso de agrotóxicos no RS, para verificar se os compostos utilizados estão dentro das normas da Anvisa. Dessa forma, nossos estudantes de Química deveriam: **ETAPA 1)** Escolher dois agrotóxicos, um de cada tipo (inseticidas, pesticidas, herbicidas etc.), que são utilizados no RS e descrever a que classe eles pertencem, para o cultivo de que alimentos são utilizados e quais leis, no âmbito federal, regulamentam a quantidade dessas substâncias para o uso agrícola; **ETAPA 2)** Pesquisar se outros países ou associação de países (União Europeia, Estados Unidos, Argentina etc.) utilizam esses produtos como agrotóxicos; **ETAPA 3)** Selecionar um dos agrotóxicos pesquisados e explicar os efeitos no organismo humano gerados pela exposição a essa substância.

O Quadro 2 mostra trechos da RP dos grupos 1 e 3. Analisando as três etapas do problema, com as respostas descritas pelos grupos, consegue-se perceber que a RP do Grupo 1 foi satisfatória. Já o Grupo 3 não descreveu as leis, no âmbito federal, que regulamentam a quantidade dos agrotóxicos escolhidos para o uso agrícola, e não encontraram informações sobre o uso de um agrotóxico em outros países.

Trechos da RP do Grupo 1	Trechos da RP do Grupo 3
ETAPA 1) Pesticida: Permetrina Classificação toxicológica: Classe III Legislação: RESOLUÇÃO Nº 4.448, DE 28 DE SETEMBRO DE 2010, Nº 185 – DOU de 27/09/10 – p. 45 – seção 1. O grupo criou uma tabela com os dados do Limite Máximo de Resíduos (LMR), para cada cultura que utiliza esse agrotóxico. **Inseticida: Fipronil** Classificação toxicológica: Classe II Legislação: Resolução – RE n.º 165, de 29 de agosto de 2003, DOU de 02 de setembro de 2003. O grupo criou uma tabela com os dados do Limite Máximo de Resíduos (LMR), para cada cultura que utiliza esse agrotóxico.	**ETAPA 1) Herbicida: Gramocil** Classificação toxicológica: Classe I **Fungicida: Mertin 400** Classificação toxicológica: Classe II O grupo citou a Lei Federal que determina o uso dos Agrotóxicos: LEI Nº 7.802, DE 11 DE JULHO DE 1989, não falando sobre leis específicas de cada um deles, mas assim como o Grupo 1, criou uma tabela com os dados do Limite Máximo de Resíduos (LMR), para cada cultura que utiliza esses agrotóxicos. ***O grupo não conseguiu encontrar as leis específicas desses agrotóxicos.**
ETAPA 2) Permeatrina: Usada amplamente nos EUA e Europa, porém com maior rigor nos LMR. Estudos apontam o risco de câncer (ao contrário do Brasil). **Fipronil:** União Europeia: O uso de fipronil, um agente nervoso produzido pela empresa alemã BASF e amplamente aplicado pelos agricultores para matar pragas, foi banido em sementes e campos de milho e girassol. 31 de dezembro de 2014. Estados Unidos: Apicultores e ambientalistas em os EUA estão atualmente processando o EPA, em um esforço para instituir proibições similares.	**ETAPA 2) Gramocil:** Está registrado e é usado em mais de 90 países desenvolvidos e em desenvolvimento no mundo todo, inclusive nos principais mercados agrícolas com alguns dos sistemas de regulamentação mais exigentes, como Canadá, Austrália, EUA, Japão e Nova Zelândia. **Mertin 400:** Não conseguiram encontrar informações sobre o uso do Mertin 400 em outros países. Embora esse herbicida esteja proibido em quase todo o Brasil, ele ainda é comercializado. *** O grupo não conseguiu encontrar informações sobre o uso desse agrotóxico em outros países.**

ETAPA 3) Permeatrina: Sintomas e sinais clínicos por intoxicação respiratória, dérmica e oral: Tremores, hipersensibilidade, hiperexcitabilidade, câimbras musculares e convulsões, salivação excessiva, lacrimejamento, hipersecreção nasal, hipersensibilidade, distúrbios sensoriais cutâneos (formigamento, entorpecimento e sensação de queimação), irritação cutânea, cefaleia intensa, perda do apetite, fadiga, tonturas, perda da consciência, câimbras musculares e convulsões.	**ETAPA 3) Gramocil:** pode causar intoxicação por inalação, contato com a pele ou ingestão oral, sendo esse último o de maior interesse de estudo. Intoxicação pode ser dividida em três partes: Aguda Fulminante: em decorrência de uma dose muito elevada e que pode levar à morte por edema pulmonar, insuficiência hepato-celular e suprarrenal e alterações bioquímicas Intoxicação menos marcada: com desfecho mais tardio, em função, normalmente, de edema pulmonar Fibrose Pulmonar Tardia: a morte pode ocorrer em até várias semanas.

QUADRO 2 – RESOLUÇÕES DO PROBLEMA 1 DOS GRUPOS 1 E 3

FONTE: o autor

Durante a pesquisa do Grupo 3, foi realizada uma entrevista com um engenheiro agrônomo, sendo sua principal atividade ser responsável técnico da Fazenda do Umbu (grande produtora de arroz) em Charqueadas. Algumas das principais perguntas e respostas são listadas a seguir:

> **Como age um herbicida?** *Eles controlam o crescimento de ervas-daninhas, principalmente no bloqueio da germinação e no surgimento de mudas. Também podem fazer com que as folhas e caules sequem ou parem de produzir carboidratos, lipídios e proteínas. O paraquat é um herbicida considerado não seletivo, ou seja, ele "ataca" a grande maioria das plantas verdes, pois ele age interrompendo a fotossíntese gerando radicais livres que destroem as membranas celulares. Existem outros como os que atacam enzimas e os que inibem a divisão celular.*
>
> **A fazenda usa o Gramocil como herbicida? O seu princípio ativo (paraquat) é nocivo ao meio ambiente e/ou aos animais e trabalhadores?** *Sim, nós usamos o paraquat, exatamente porque ele é o que menos agride o meio ambiente e não tem uma toxidade tão grande para o ser humano. O paraquat quando atinge o solo, ele se inativa imediatamente. E mesmo que reste um pouco, as bactérias do solo o destorem. Ele evita, inclusive, que nós precisemos fazer*

> *a aragem do solo, o que não o desgasta e evita erosão. Porém existem ervas-daninhas que já estão nascendo mais resistentes a ele, o que ocasiona no uso de outros herbicidas mais específicos.*
>
> **Como pode o herbicida não atacar o cultivo como ataca as ervas-daninhas?** *Porque existem os herbicidas seletivos e os não seletivos (o caso do paraquat). Os seletivos agem em determinadas plantas; uns são para as que têm folhas mais largas, ou para as mais compridas, ou para uma determinada família. O paraquat até ataca o cultivo de arroz, mas num determinado estágio de amadurecimento.*
>
> Durante a sua graduação, havia momentos em que se falava sobre os problemas que os agrotóxicos causam a curto, médio ou longo prazo? Sim. O tempo todo. Existem até conteúdos dentro de algumas cadeiras que são específicos, tanto sobre a parte bioquímica, quanto na parte de legislação. (Entrevista realizada pelo Grupo3).

Durante a apresentação da RP do Grupo 1, é mostrada a charge da Figura 2. Entende-se que a charge faz refletir sobre alimentos orgânicos e aqueles tratados com agrotóxicos.

FIGURA 2 – CHARGE SOBRE ALIMENTOS ORGÂNICOS E ALIMENTOS COM AGROTÓXICOS

FONTE: apresentação Grupo 3

Feita a leitura da charge, uma integrante do grupo explica que os textos que leram falam do uso dos agrotóxicos para a produção com fins econômicos. Assim sendo, indaga os colegas de curso sobre qual a relação do uso do agrotóxico com excluir o agrotóxico da nossa mesa. O aluno que iniciou a apresentação indaga se haveria impacto na nossa economia.

Uma terceira integrante afirma que a charge é de quarta-feira (dando a entender que é recente) e foi tirada do jornal *Zero Hora*. Relata que durante a semana na qual se encontram e a semana passada os jornais, principalmente *Zero Hora*, falaram muito sobre agrotóxico. Segundo ela, a charge tem a ver com o que a atual ministra da Agricultura declarou nos jornais, ou seja, se quiséssemos só comer comida orgânica, sem agrotóxicos, tiraríamos o emprego de milhares de pessoas. A cursista que leu a charge complementa a fala da colega afirmando que os pobres não conseguiriam comer. Afirma, também, que essa situação tem a ver com o contexto político atual.

6.3.4.2 Análise das resoluções do problema 2: plenária

O problema 2 explica que o uso descontrolado de agrotóxicos pode gerar sérias ameaças ao ambiente e à saúde dos seres vivos, conforme dados do dossiê Abrasco e apontamentos do documentário assistido pelos integrantes do curso. Os estudantes de Química fazem parte do *CodexAlimentarius* (empresa que tem a finalidade de proteger a saúde dos consumidores e assegurar práticas equitativas no comércio regional e internacional de alimentos) e deveriam: **ETAPA 1)** Propor uma solução para o desenvolvimento e o cultivo de produtos alimentícios sem o uso de agrotóxicos, visando à preservação de uma cadeia de produção ambientalmente sustentável no RS; **ETAPA 2)** Identificar os principais riscos ao ambiente, a curto e longo prazo, do uso indevido de dois agrotóxicos que o grupo deve propor a substituição; **ETAPA 3)** Pesquisar a fórmula molecular, o nome científico e que propriedades físico-químicas dessas duas substâncias favorecem o processo de contaminação do ambiente. Pediu-se para que, em suas resoluções, considerassem fatores econômicos, culturais e políticos no âmbito regional e nacional em suas propostas.

No Quadro 3, é mostrado um resumo das apresentações das resoluções do problema 2 dos grupos 2 e 4. Os grupos desenvolveram bem suas resoluções e no momento de proporem uma solução para o desenvolvimento e o cultivo de produtos alimentícios sem o uso de agrotóxicos, o Grupo 2 aprofundou-se sobre agricultura orgânica. Já o Grupo 4, falou sobre várias alternativas para substituir o uso de agrotóxicos, ou pelo menos diminuir seu uso. Ambas as apresentações geraram algumas discussões, principalmente sobre as alternativas de cultivo visando à preservação de uma cadeia de produção sustentável.

Trechos da RP do Grupo 2	Trechos da RP do Grupo 4
ETAPA 1) Agricultura Orgânica: Na agricultura orgânica, não é permitido o uso de substâncias que coloquem em risco a saúde humana e o meio ambiente. Não são utilizados fertilizantes sintéticos solúveis, agrotóxicos e transgênicos. O Brasil, em função de possuir diferentes tipos de solo e clima, uma biodiversidade incrível aliada a uma grande diversidade cultural, é sem dúvida, um dos países com maior potencial para o crescimento da produção orgânica.	**ETAPA 1) Alternativas para substituir os agrotóxicos:** Drenagem, Policultura, Corredores agrícolas, Controle biológico de pragas, Substancias sexoatrativas (feromônios), Thermal Pest Control (TPC), Agricultura Orgânica.

ETAPA 2) Carbendazim: Principais Riscos ao ambiente: A utilização inadequada do produto pode ser perigosa ao meio ambiente; o produto pode ser perigoso para organismos aquáticos podendo causar mortandade; esse produto é classificado toxicologicamente pelo Ministério da Saúde como classe II – altamente tóxico e perigoso – classe III para o meio ambiente pelo Ibama, o produto pode ser tóxico ao homem e ao meio ambiente se não utilizado conforme as recomendações, o produto pode ser absorvido pelas vias respiratória, dérmica e oral. O contato com o produto pode provocar irritações na pele e nos olhos causando dermatites e queimaduras na pele. **Ditiocarbamatos: Principais Riscos ao ambiente:** São irritantes das mucosas, causando faringite, rinite, laringite, traqueobronquite e conjuntivite; em contato prolongado com a pele, podem causar dermatite. Em caso de ingestão, causam irritação da mucosa gástrica, com ardor epigástrico, náuseas e vômitos. Os compostos tiurânicos causam sérios acidentes se o indivíduo intoxicado ingerir bebida alcoólica antes da completa eliminação do tóxico, ocorrendo, então, dor de cabeça violenta com vertigens, excitação e angústia, congestão da pele e mucosas, náuseas e vômitos, opressão torácica, dispneia, palpitações e distúrbios psíquicos. Pode ocorrer uma brusca queda de pressão arterial, com colapso e risco de vida. CARBOXIN (anilida) apresenta como principais sintomas: a dispneia, cianose, prostração, hipotermia e coma.	**ETAPA 2) Acefato: Principais Riscos ao ambiente:** No ambiente, degrada-se em metamidofós, composto organofosforado que também é usado como inseticida. A Anvisa indica "restrições de uso e posterior proibição desse agrotóxico no país, considerando que os estudos descritos na Nota Técnica demonstram que esse agrotóxico possui características genotóxicas (alterações genéticas), pode causar câncer e leva a distúrbios neuropsiquiátricos e cognitivos (dificuldades de aprendizagem). Tais características levaram à proibição deste agrotóxico em diversos países devido aos riscos para a saúde humana.". **Propamocarbe: Principais Riscos ao ambiente:** Classificado como muito perigoso para o meio ambiente (Classe III), é um produto altamente móvel no meio ambiente, apresentando alto potencial de deslocamento no solo, podendo atingir principalmente águas subterrâneas. É também considerado altamente persistente no meio ambiente (difícil degradação). A intoxicação humana afeta a enzima acetilcolinesterase, causa outros efeitos como diarreia, cólicas abdominais, anorexia, broncoconstrição, dispneia, cianose, edema pulmonar, hipersecreção bloqueio atrioventricular, miose, visão borrada. Pode haver paralisia de musculatura respiratória levando à morte. Taquicardia e hipertensão arterial podem manifestar-se. Além de depressão de centros cardiorespiratórios, convulsões e coma.

ETAPA 3) Carbendazim:	**ETAPA 3) Acefato:**
Fórmula molecular: $C_9H_9N_3O_2$. Nome científico: Methyl *1H*-benzimidazol-2-ylcarbamate. O produto apresenta grande solubilidade em água classificada como prontamente. **Ditiocarbamatos:** Fórmula molecular: $C_{12}H_{13}N\ O_2S$. Nome científico: 5,6 – dihidro – 2 metil – 1,4 -oxatiina – 3 – carboxanilida. A relevância toxicológica dessas substâncias deve-se a seus dois maiores produtos de degradação, etileno tiouréia (ETU) e propilenotiouréia (PTU), suspeitos de serem bociogênicos, carcinogênicos e mutagênicos em ratos.	Fórmula Molecular: $C_4H_{10}NO_3PS$. Nome científico: O,S-dimetil acetilfosforamidotioato Peso molecular: 183,16 g/mol Pressão de vapor: 1,7 x 10^-6mmHg Classe: inseticida organofosforado Apresenta-se na forma de um sólido incolor a branco. Com ponto de fusão entre 81 e 91°C, e é **altamente solúvel em água,** acetona e etanol. **Propamocarbe:** Fórmula molecular: $C_9H_{20}N_2O_2$. Nome científico: propil 3 (dimetilamino) propylcarbamato Peso molecular: 188 g/mol Ingestão diária aceitável 0,1mg/kg.

QUADRO 3 – RESOLUÇÕES DO PROBLEMA 2 DOS GRUPOS 2 E 4

FONTE: o autor

Além das informações contidas no Quadro 3, os integrantes do Grupo 2 explicam que o objetivo da produção orgânica é promover a qualidade de vida com proteção ao meio ambiente. Comentam também que, para ser considerado orgânico, o processo produtivo contempla o uso responsável do solo, da água, do ar e dos demais recursos naturais, respeitando as relações sociais e culturais.

Entre outras etapas da plenária, o grupo ilustra como cultivar abobrinha e outras culturas com fungicidas naturais:

> *O Oídio da abobrinha é uma das principais doenças da cultura de abobrinha, é causada por um tipo de fungo que ataca a planta. Essa doença ataca a planta no geral, fazendo com que ela fique "doente" e tenha sua produção prejudicada.* (integrante do Grupo 2).

Um dos componentes do grupo explica que os produtores de abobrinha controlam essa doença utilizando o leite de vaca cru na concentração de 5%, isto é, cinco litros de leite para 95 litros de água, uma vez na semana e quando a infestação está muito alta utilizam a 10%. Comentam também que pelas pesquisas feitas pelo grupo, o leite apresenta mecanismos variados de ação no controle do Oídio da abobrinha, que são: I) O leite pode ter ação direta sobre o fungo devido à sua propriedade germicida; II) o leite contém vários sais e aminoácidos na sua composição, sendo que essas substâncias são conhecidas por induzirem resistência nas plantas. Finalizaram a explicação dizendo que o leite modifica as características da superfície da folha, como pH, nutrientes, gorduras entre outras e com isso não permite a instalação do patógeno.

O Grupo 4, durante a apresentação da RP, trouxe várias reportagens de jornais e revistas ilustrando várias alternativas para o cultivo de produtos alimentícios sem o uso de agrotóxicos, ou pelo menos uma diminuição do uso dessas substâncias químicas na agricultura. A alternativa que mais gerou discussões e curiosidades foi referente ao "Controle Biológico das Lavouras". O Grupo deu o exemplo de uma biofábrica gaúcha que produz vespas para combater pragas e reduzir uso de agrotóxicos nas lavouras.

Para explicarem esse processo, os integrantes do grupo utilizaram a Figura 3 na apresentação.

FIGURA 3 – CONTROLE BIOLÓGICO DAS LAVOURAS: MICROVESPAS

FONTE: apresentação Grupo 4

Uma das integrantes do grupo esclarece para o resto da turma que essa biofábrica gaúcha é atual, como podemos perceber em sua fala:

> *Nosso estado inaugurou em agosto do ano passado, em Montenegro, a primeira biofábrica de vespas, voltada ao controle biológico de lagartas de milho, soja, pastagens e hortaliças, como tomate e pimentão.* (integrante Grupo 4).

O grupo afirma que a importância de se desenvolver a biotecnologia se dá, principalmente, por causa da resistência de parasitas a certos tipos de agrotóxicos e, também, pelo surgimento de novas doenças. Em seguida, comenta que, nessa fábrica, as microvespas são produzidas a partir de uma mariposa hospedeira, também desenvolvida no local e, no período médio de 60 dias, os ovos do inseto são encaminhados ao campo, onde eclodem e ajudam a controlar lagartas prejudiciais à produção, reduzindo o uso de agrotóxicos.

Ilustram, também, outra parte da pesquisa explicando que, apesar de ter uma metodologia minuciosa, a produção das microvespas é toda feita de forma manual, com custo baixo, tendo ainda o menor custo de produção e, consequentemente, de venda, na comparação com os agrotóxicos.

Como se perceber nesse breve relato de uma dessas etapas da RP do Grupo 4 referente ao Problema 2, o controle biológico possui alguns benefícios significativos para a agricultura como: I) Diminuir a população de lagartas (praga do campo); II) Diminuir o uso de agrotóxicos; III) Aumentar a população de insetos benéficos para lavoura. Ou seja, as vantagens vão do menor risco à saúde do trabalhador à preservação dos mananciais hídricos e das espécies de insetos benéficos à produção. E, se pensarmos no apelo ambiental, não faltará estímulo para o crescimento dessa alternativa de produção ambientalmente sustentável.

Além disso, notou-se que os grupos perceberam que a busca por uma vida mais saudável implica, entre outros fatores, o consumo de produtos de boa qualidade e esses produtos são oriundos de uma agricultura sustentável, tema discutido neste livro. Assim, os alimentos que chegam à mesa do consumidor não possuem agrotóxicos ou contêm níveis aceitáveis de defensivos agrícolas, não prejudicando a saúde humana ou o meio ambiente. Da mesma maneira, entenderam que a agricultura sustentável é justa do ponto de vista social e é economicamente exequível e que deve garantir, às futuras gerações, a capacidade de prover as necessidades de produção e vida no planeta.

Diante de todas as informações nos Quadros 2 e 3 e com alguns trechos das resoluções dos problemas, pode-se perceber na análise realizada algumas reflexões que a solução do problema proporcionou, corroborando que a Metodologia de RP é de grande valia para a construção do conhecimento[211], para a reflexão, para a pesquisa[212,213], para a relação do conteúdo teórico-químico em sala de aula com o cotidiano dos alunos[214], já que o problema contextualizado faz parte da vida de todos nós. Para a solução do problema, os cursistas relacionaram informações atuais, obtidas em jornais, entrevistaram um profissional da área e utilizaram uma charge.

Assim sendo, trabalhar com a RP, tendo a visão da Química do cotidiano implica entender como o ambiente em que vive o educando surge na sua vida cotidiana, com o objetivo de o conteúdo a ser ensinado ser mais próximo de sua realidade. Sendo assim, a proposição aqui descrita encontra-se convergente aos princípios defendidos na legislação educacional[215] e ambiental[216], pois os problemas trabalhados possibilitaram o estudo de conhecimentos da EA de forma processual e integrada, por meio de métodos de ação coletiva e apresentando como metas universais a sustentabilidade ambiental e socioambiental.

---

211 ECHEVERRÍA, M.D.P. P.; POZO, J.I.; Aprender a resolver problemas e resolver problemas para aprender. In: POZO, J. I. **A solução de problemas**. Porto Alegre: Artmed, 1998.

212 CORTÉS GRACIA, A.L.; DE LA GÁNDARA GÓMEZ, M.; La construcción de problemas em el laboratorio durante la formación del profesorado: uma experiencia didáctica. **Enseñanza de las Ciencias**, v. 25, n. 3, p. 435-450, 2007.

213 HOFSTEIN, A.; LUNETTA, V. N.; Laboratory in science education: Foundations for the twenty-first century. **Science Education**, v. 88, n. 1, p. 28-54, 2004.

214 CARVALHO, A.M.P.; GIL-PÉREZ, D.; **Formação de Professores de Ciências:** tendências e inovações. São Paulo: Cortez, 2006.

215 BRASIL. Ministério da Educação. Conselho Nacional de Educação. **Resolução CEB n.º 02, de 30 de janeiro de 2012**. Define as Diretrizes Curriculares Nacionais para Ensino Médio.

216 Idem. **Lei n.º 9795, de 27 de abril de 1999**. Dispõe sobre a educação ambiental. Institui a Política Nacional de Educação Ambiental e da outras providências.

ÚLTIMAS CONSIDERAÇÕES

Esta pesquisa teve como objetivo principal identificar as formas de contribuição de um curso de formação de professores e futuros professores de Química, no que tange aos aspectos teóricos e práticos da metodologia de Resolução de Problemas associada à temática agrotóxicos.

Como consequência desse objetivo, foi criado um curso de extensão intitulado "Educação Ambiental e a Resolução de Problemas". Assim sendo, os dados da pesquisa foram coletados no curso de formação de professores por intermédio de questionário inicial, questionário final, problemas propostos para o grupo de docentes e sua resolução por eles. A análise da resolução dos problemas foi feita por intermédio de diário de campo, gravações de áudio e de vídeos feitos pelo pesquisador.

Dessa maneira, os registros do Diário de Campo, as gravações, as respostas dadas pelos alunos aos questionários I e II levam-me a crer que a formação permanente de professores é de vital importância para a melhoria da qualidade do ensino de Química na educação básica, principalmente quando se vislumbra um ensino voltado à reflexão, à tomada de consciência presentes na metodologia de RP, além da prática vivenciada por problemas do nosso dia a dia relacionados à Química. O que se observou, durante a resolução dos problemas criados e no decorrer das apresentações da resolução desses problemas no curso oferecido, foi que a metodologia de RP exige busca de informações, por intermédio de várias leituras de diferentes gêneros textuais, já que os cursistas se valeram de dados retirados de jornais, tais como reportagens, charges, buscaram revistas especializadas, sites na internet, leis, entrevistas com profissionais da área, entre outros. Assim sendo, acredito que para uma nova edição do curso ministrado dever-se-ia acrescentar uma discussão sobre a dimensão epistemológica da leitura e da problematização no processo de ensino e aprendizagem de Química, mostrando aos cursistas a importância de o docente compreender essa dimensão e, a partir dela, conceituar e repensar questões relativas à interpretação, ao texto, explicando, da mesma forma, a distinção entre problematização e resolução de problemas.

Por meio dos questionários analisados, notou-se um crescimento e uma mudança de postura por parte dos integrantes do curso ministrado. Ficou claro que as universidades, em geral, ainda utilizam métodos tradicionais de ensino o que faz os egressos desses estabelecimentos repetirem esses métodos em suas aulas e desconhecerem, em sua grande maioria, a metodologia de RP. Da mesma forma, diante dos resultados, percebeu-se que o processo vivenciado no curso de extensão possibilitou o desenvolvimento de conhecimentos práticos e teóricos sobre essa metodologia. Em resposta a uma das perguntas constante no QII, todos os participantes afirmaram que o curso foi motivador para que eles utilizem a metodologia de RP em suas salas de aula.

Analisando as apresentações das equipes, verificou-se que, durante a apresentação do problema 1, realizada pelo grupo 1, houve dificuldade por parte dos componentes em encontrar dados na legislação, principalmente americana e europeia sobre a questão agrotóxicos. Além disso, faltou na apresentação informações de pesquisas que demonstrassem os efeitos crônicos da utilização de agrotóxicos no organismo humano. Entretanto, esse grupo resolveu adequadamente o problema a eles apresentado, além de trazer elementos ilustrativos à sua apresentação, como uma charge atual, no momento da exposição, que esclareceu aspectos do que estava sendo explicado. Além disso, apresentou curiosidades que revelaram que um mesmo agrotóxico pode pertencer a tipos diferentes, que existem outras utilizações dos princípios ativos, a existência de problemas nos rótulos, a indicação da Cartilha da Anvisa sobre classificação e cuidados de limpeza dos alimentos. Acrescentaram, ainda, em sua exposição, histórico do uso dos agrotóxicos, relação com questões educacionais, desafios políticos e econômicos.

O grupo 3, que também resolveu o problema 1, teve as mesmas dificuldades encontradas pelo grupo 1 e, além disso, não descreveu as leis, no âmbito federal, que regulamentam a quantidade dos agrotóxicos escolhidos para o uso agrícola, e não encontrou informações sobre o uso de agrotóxico em outros países. Conseguiu, no entanto, trazer aspectos positivos para a resolução do problema, tais como, elucidar algumas dúvidas, por intermédio de uma entrevista com um engenheiro agrônomo, responsável técnico da Fazenda do Umbu (grande produtora de arroz) em Charqueadas. Essa entrevista esclareceu e enriqueceu algumas discussões, durante a apresentação. Cabe ainda ressaltar que esse grupo apresentou curiosidades relativas ao cultivo da batata na União Europeia sem agrotóxicos, além da facilidade na aquisição dos agrotóxicos de venda proibida no Brasil e valores dos produtos.

O grupo 2, que resolveu o problema 2, teve dificuldade em encontrar informações que exemplificassem problemas ambientais de longo prazo. Em contrapartida, aprofundou-se sobre agricultura orgânica, expôs ilustrações de embalagens, fez um comparativo entre alimentos orgânicos e não orgânicos, realizou defesa de propostas fundamentais nas questões econômicas e políticas (cooperativas). Da mesma forma, fez uma definição da classificação insatisfatória (uso indevido), apresentou a classe dos agrotóxicos e os riscos à saúde humana e animal.

O grupo 4, que também apresentou a resolução do problema 2, teve as mesmas dificuldades encontradas pelo grupo 2. No entanto, trouxe à sua exposição, curiosidades relacionadas à defesa das propostas fundamentais nas questões econômicas, ecológicas e socioculturais. Apresentou, também, ilustrações de embalagens e locais contaminados por agrotóxicos, equipamentos relacionados à aplicação dessas substâncias, além de vídeo com depoimento de agrônomo do Mapa. Para finalizar, explicou a definição da classificação dos agrotóxicos, os riscos à saúde humana e explanação detalhada da ação das microvespas, relativa ao controle biológico das lavouras.

Os problemas bem como os materiais didáticos elaborados, os quais foram dados aos cursistas, foram apropriados para a atividade de formação de professores. Os participantes consideraram que é possível aplicar esses problemas no correspondente nível em que trabalharam, salvo algumas adaptações.

Percebeu-se que a vivência dos professores como alunos, tendo em vista a RP, no decorrer do curso de formação, levou-os a ter certa motivação em relação a essa metodologia. A metodologia em questão fez os professores repensarem suas práticas e apontaram para uma mudança nessas, apesar das dificuldades.

Após as análises dos questionários inicial e final, notou-se que os cursistas modificaram a visão que possuíam em relação ao significado das expressões "defensivos agrícolas" e "agrotóxicos". Notou-se que os participantes do curso chegaram à conclusão de que essas expressões são sinônimas e não como pensavam anteriormente, ou seja, Defensivo Agrícola defende as plantações, não causando danos ao meio ambiente e aos seres vivos.

Acredito que a formação de professores se constitui em uma complexa área da educação, uma vez que envolve uma série de fatores que devem ser avaliados: o conhecimento, o trabalho coletivo, o confronto de ideias, de crenças, de saberes e de discussão e reflexão conjuntas que levem a um desenvolvimento profissional dos docentes. Dessa maneira, a formação de professores não deve ser compreendida como um fim em si mesma, mas como um mecanismo que esteja a serviço do novo, da atualização, da reflexão e da melhoria da qualidade de ensino e da educação.

Pelo exposto, torna-se crucial a formação contínua de professores de Química em metodologias de ensino, permitindo contribuir para um ensino da Química mais efetivo e motivador.

Dessa maneira, por meio das análises feitas, creio que o objetivo do curso foi alcançado, uma vez que embasou os docentes que realizaram a formação por intermédio dos três módulos de estudo: I) aspectos metodológicos da resolução de problemas, II) ensino de Química, III) educação ambiental. Isso se constatou pelas análises dos questionários inicial e final, quando se verificou a aquisição ou aprofundamento da metodologia de RP contextualizada à temática agrotóxicos, além da vivência dessa metodologia quando os cursistas apresentaram a resolução dos problemas a eles propostos. Assim, durante as apresentações, também se pôde averiguar o quanto os participantes do curso se apropriaram do que lhes foi apresentado e utilizaram esse novo conhecimento de forma satisfatória, afirmando ser possível utilizarem a metodologia de RP em suas salas de aula.

Além disso, tendo em vista a formação contextualizada com EA, especificamente a utilização de agrotóxicos, acredito que devemos adotar uma política ambiental que promova a importância da EA voltada, primordialmente, para a sustentabilidade desde a escola primária. Dessa maneira, poderemos formar nas gerações vindouras a devida mentalidade conservacionista e será muito mais simples efetivar políticas que se proponham ao uso sustentável de recursos do nosso planeta no futuro.

REFERÊNCIAS BIBLIOGRÁFICAS

ALMEIDA, C. G. et al. Intoxicação em cães e gatos: estudo retrospectivo dos casos atendidos em um centro veterinário privado durante o período de 1996 a 2004. **Revista Brasileira de Toxicologia**, São Paulo, v. 18, n. 1, p. 286-292, 2005.

ANVISA. **Agência Nacional de Vigilância Sanitária**. Disponível em: <http://www.anvisa.gov.br>. Acesso em: 15 out. 2014.

______. **Programa de Análise de Resíduos de Agrotóxicos em Alimentos (Para) – Relatório de Atividades de 2009**. Disponível em: <http://portal.anvisa.gov.br/wps/content/Anvisa+Portal/Anvisa/Inicio/Agrotoxicos+e+Toxicologia/Assuntos+de+Interesse/Programa+de+Analise+de+Residuos+de+Agrotoxicos+em+Alimentos>. Acesso em: 10 dez. 2015.

AREZON, A.; NETO, T. J. P.; GERBER, W. **Manual sobre toxicidade em efluentes industriais**. Porto Alegre: CEP Senai de Artes Gráficas Henrique d'Ávila Bertaso, 2011.

ARIAS, A. R. L. et al. Utilização de bioindicadores na avaliação de impacto e no monitoramento da contaminação de rios e córregos por agrotóxicos. **Ciências e saúde coletiva**, Rio de Janeiro, v. 12, n. 1, p. 61-72, mar. 2007.

ASSIS, H.C.S. et al. Perfil das intoxicações apresentadas por cães e gatos em Curitiba. **Revista do Conselho Federal de Medicina Veterinária**, Paraná, v. 15, n. 47, p. 22-28, 2009.

AZEVEDO, M. C. P. S. Ensino por investigação: problematizando as atividades em sala de aula. In: CARVALHO, A. M. P. (Org.). **Ensino de ciências:** unindo a pesquisa e a prática. São Paulo: Pioneira Thomson Learning, p. 19-33, 2004.

BAIRD, C. **Chemistry in your life**. 2. ed. New York: W. H. Freeman, 2006.

BASSIL K. L., et al. Cancer health effects of pesticides: systematic review. **Can. Fam. Physician**, Canadá, v. 53, n. 10, p. 1704-1711, 2007.

BRAIBANTE, M. E. F.; ZAPPE, J. A. A química dos agrotóxicos. **Química Nova na Escola**, São Paulo, v. 34, n. 1, p. 10-15. 2012.

BRASIL. **Lei n.º 7802, de 11 de julho de 1989**. Dispõe sobre a pesquisa, a experimentação, a produção, a embalagem e rotulagem, o transporte, o armazenamento, a comercialização, a propaganda comercial, a utilização, a importação, a exportação, o destino final dos resíduos e embalagens, o registro, a classificação, o controle, a inspeção e a fiscalização de agrotóxicos, seus componentes e afins, e dá outras providências.

______. **Lei n.º 9.394, de 20 de dezembro de 1996**. Estabelece as Diretrizes e Bases da Educação Nacional.

______. **Lei n.º 9795, de 27 de abril de 1999**. Dispõe sobre a educação ambiental. Institui a Política Nacional de Educação Ambiental e da outras providências.

______. Ministério da Educação. Secretaria da Educação Média e Tecnológica. **Parâmetros curriculares nacionais**: ensino médio. Brasília: MEC/Semtec, 1999.

______. Ministério da Educação. Secretaria da Educação Média e Tecnológica. **PCN+ Ensino Médio**: Orientações Educacionais complementares aos parâmetros curriculares nacionais. Brasília: MEC/Semtec, 2002.

______. **Resolução CP n.º 01/02, de 18 de fevereiro de 2002**. Institui as Diretrizes Curriculares Nacionais para a Formação de Professores da Educação Básica, em nível Superior, curso de licenciatura de graduação plena.

______. **Casa Civil. Decreto n.º 4.954, de 14 de janeiro de 2004**. Regulamento da lei n.º 6.894, de 16 de dezembro de 1980, que dispõe sobre a inspeção e fiscalização da produção e do comércio de fertilizantes, corretivos, inoculantes, ou biofertilizantes, remineralizadores e substratos para plantas destinados à agricultura.

______. Ministério da Educação. Secretaria da Educação Básica. **Orientações Curriculares para o Ensino Médio**, v. 2, 2006.

______. Casa Civil. **Decreto n.º 6.755, de 29 de janeiro de 2009**. Institui a Política Nacional de Formação de Profissionais do Magistério da Educação Básica, disciplina a atuação da Coordenação de Aperfeiçoamento de Pessoal de Nível Superior –Capes- no fomento a programas de formação inicial e continuada, e dá outras providências.

______. Ministério da Educação. **Conselho Nacional de Educação. Resolução CEB n.º 02, de 30 de janeiro de 2012.** Define as Diretrizes Curriculares Nacionais para Ensino Médio.

BULCAO, R. P. et al. Intoxicação em cães e gatos: diagnóstico toxicológico empregando cromatografia em camada delgada e cromatografia líquida de alta pressão com detecção ultravioleta em amostras estomacais. **Ciência Rural**, Santa Maria, v. 40, n. 5, p. 1109-1113, maio 2010.

CARDOSO, S. P e COLINVAUX, D. Explorando a Motivação para Estudar Química. **Química Nova**, São Paulo, v. 23, n. 3. p. 401-404, 2000.

CASSIANO, K. F. D.; ECHEVERRÍA, A. R. Abordagem Ambiental em Livros Didáticos de Química: Princípios da Carta de Belgrado. **Química Nova**, São Paulo, v. 36, n. 3, p. 220-230, 2014.

CARNEIRO, F. F. et al. **Um alerta sobre os impactos dos agrotóxicos na saúde**. Rio de Janeiro: Abrasco, 2012.

CARRASCOSA, J. El problema de las concepciones alternativas en la actualidad (Parte I). Análisis sobre las causas que la originan y/o mantienen, **Revista Eureka sobre la Enseñanza y Divulgación de las Ciencias**, Espanha, v. 2, n. 2, p. 183-208, 2005.

CARVALHO, A.M.P.; GIL-PÉREZ, D. **Formação de Professores de Ciências:** tendências e inovações. São Paulo: Cortez, 2006.

CAVALCANTI, J. A. et al. Agrotóxicos: uma temática para o ensino de Química. **Química Nova na Escola**, São Paulo, v. 32, n. 1, p. 31-36, 2010.

III CONFERÊNCIA NACIONAL DE SEGURANÇA ALIMENTAR E NUTRICIONAL. Por um desenvolvimento sustentável com soberania e segurança alimentar e nutricional. **Relatório final 2007**. Disponível em: <http://www.planalto.gov.br/consea/3conferencia/static/documentos/relatoriofinal.pdf>. Acesso em: 11 jan. 2016.

CORTÉS GRACIA, A.L.; DE LA GÁNDARA GÓMEZ, M.; La construcción de problemas em el laboratorio durante la formación del profesorado: uma experiencia didáctica. **Enseñanza de las Ciencias**, v. 25, n. 3, p. 435-450, 2007.

CONSEA. Conselho nacional de segurança alimentar e nutricional. **Os impactos dos agrotóxicos na segurança alimentar e nutricional**: contribuições do consea. Brasília. 2009. Disponível em: <http://www.contraosagrotoxicos.org/index.php/materiais/relatorios/os-impactos-dos-agrotoxicos-na-seguranca-alimentar-e-nutricional-contribuicoes-do-consea/download>. Acesso em: 11 jan. 2016.

CREMONESE, C. et al. Exposição a agrotóxicos e eventos adversos na gravidez no Sul do Brasil, 1996-2000. **Cad. Saúde Pública**, Rio de Janeiro, v. 28, n. 7, p. 1263-1272, jul. 2012.

COLEGIO OFICIAL DE INGENIEROS AGRONOMOS DE CENTRO Y CANARIAS. **Manual de prácticas y actuaciones agroambientales**. Madrid: Editorial Agricola Española; Ediciones Mundi-Prensa, 1996.

DALLEGRAVE, E. et al. **Toxicologia veterinária**: do desenvolvimento sustentável à melhoria da qualidade de vida. In: RIO GRANDE DO SUL. Secretaria da Saúde. Fundação Estadual de Produção e Pesquisa em Saúde. Centro de Informação Toxicológica. Toxicovigilância – Toxicologia clínica: dados e indicadores selecionados, Rio Grande do Sul: 2006. Porto Alegre: CIT/RS, 2007.

D'AMBROSIO, B. S.; OHIO, M. U. A Evolução da Resolução de Problemas no Currículo Matemático. In: SEMINÁRIO DE RESOLUÇÃO DE PROBLEMAS, 1., 2008, Rio Claro. **Anais** eletrônicos...

DAROLT, M. R. **As Dimensões da Sustentabilidade: Um estudo da agricultura orgânica na região metropolitana de Curitiba-PR**. 310f. 2000. Tese (Doutorado) – Meio Ambiente e Desenvolvimento – Universidade Federal do Paraná/Paris VII, Curitiba, 2000.

DELLAMATRICE, P. M.; MONTEIRO, R. T. R. Principais aspectos da poluição de rios brasileiros por pesticidas. **Rev. bras. eng. agríc. ambient.**, Campina Grande, v. 18, n. 12, p. 1296-1301, dez. 2014.

DEWEY, J. **Experiência e Educação**. Trad. de Anísio Teixeira. São Paulo: C. E. Nacional, 2010.

ECHEVERRÍA, M. D. P. P.; POZO, J. I.; Aprender a resolver problemas e resolver problemas para aprender. In: POZO, J. I. **A solução de problemas**. Porto Alegre: Artmed, 1998.

EMBRAPA. **Agência Embrapa de informação tecnológica**. Disponível em: <http://www.agencia.cnptia.embrapa.br/gestor/milho/arvore/CONTAG01_72_59200523355.html>. Acesso em: 11 jan. 2016.

EPA. **Environmental Protection Agency**. Disponível em: <www.epa.gov/pesticides/reregistration/statusop.htm>. Acesso em: 10 dez. 2014.

FARIA, N. M. X. Modelo de desenvolvimento, agrotóxicos e saúde: prioridades para uma agenda de pesquisa e ação. **Rev. bras. saúde ocup.**, São Paulo, v. 37, n. 125, p. 31-39, jun. 2012.

FERNANDES, C. S.; STUANI, G. M. Agrotóxicos no Ensino de Ciências: uma pesquisa na educação do campo. **Educação & Realidade**, v. 40, n. 3, p. 745-762, 2015.

FLORES, A. V. et al. Organoclorados: um problema de saúde pública. **Ambiente & Sociedade**, Campinas, v. 7, n. 2, p. 111-124, 2004.

FOX, J. E., et al. Pesticides reduce symbiotic efficiency of nitrogen-fixing rhizobia and host plants. **Proc Natl Acad Sci**, USA, v. 104, n. 24, p. 10282–10287, 2007.

FREIRE, P. **Pedagogia do Oprimido**. 43. ed. Rio de Janeiro: Paz e Terra, 2005.

______. **Pedagogia da Autonomia**: Saberes necessários à prática educativa. 33. ed. Rio de Janeiro: Paz e Terra. 2006.

GHINI, R.; BETTIOL, W. Proteção de plantas na agricultura sustentável. **Cadernos de Ciência & Tecnologia**, Brasília, v. 17, n. 1, p. 61-70, jan./abr. 2000.

GIL-PÉREZ, D. Contribución de la Historia y de la Filosofía de las ciencias al desarrollo de un modelo de enseñanza / aprendizaje como investigación. **Enseñanza de las Ciencias**, Espanha, v. 11, n. 2, p. 197-212, 1993.

______. Diez Años de Investigacion en Didática de las Ciencias: realizaciones Y perspectivas. **Enseñanza de las Ciencias**, v. 12, n. 2, p. 154-164, 1994.

GIL-PEREZ, D.; MARTINEZ TORREGROSA, J. A model for problem-solving in accordance with scientific methodology. **European Journal of Science Education**, v. 5, n. 4, p. 447-455, 1983.

GODOY, A. S. Introdução à pesquisa qualitativa e suas possibilidades. **Revista de Administração de Empresas**, São Paulo, v. 35, n. 2, p. 57-63, mar./abr. 1995.

GOI, M.E.J.; **A Construção do conhecimento químico por estratégias de resolução de problemas.** 151f. 2004. Dissertação (Mestrado). Universidade Luterana do Brasil, Canoas, 2004.

GOI, M.E.J.; SANTOS, F.M.T. Reações de combustão e impacto ambiental por meio de resolução de problemas e atividades experimentais. **Química Nova na Escola**, v. 31, n. 3, p. 203-209, ago. 2009.

GUIMARÃES, M. Educação Ambiental pra quê? In: SENAC. **Educação ambiental: temas, teoria e prática**. Rio de Janeiro: Senac Nacional, 2008.

HOFSTEIN, A.; LUNETTA, V.N. Laboratory in science education: Foundations for the twenty-first century. **Science Education**, v. 88, n. 1, p. 28-54, 2004.

JEYARATNAM J. Acute pesticide poisoning: a major global health problem. **U.S. World Health Stat Q**, USA, v. 43, n. 3, p. 139-144, 1990.

JUREWICZ J.; HANKE W. Prenatal and childhood exposure to pesticides and neurobehavioral development: review of epidemiological studies. **Int J Occup Med Environ Health**, USA, v. 21, n. 2, p. 121-132, 2008.

KAWAHIGASHI, H. Transgenic plants for phytoremediation of herbicides. **Current Opinion in Biotechnology**, USA, v. 20, n. 2, p. 225-230, 2009.

LAUDAN, L.; **Progress and its problems.** Towards a Theory of Scientific Growth. London: Routledge & Kegan Paul, 1977.

LAYRARGUES, P. P. Educação ambiental no Brasil: o que mudou nos vinte anos entre a Rio 92 e a Rio+20. **ComCiência**, Campinas, n. 136, mar. 2012. Disponível em: <http://comciencia.scielo.br/scielo.php?script=sci_arttext&pid=S1519-76542012000200009&lng=es&nrm=iso>. Acesso em: 11 jan. 2016.

LIEBMAN, M. Sistemas de policulturas. In: ALTIERI, M. A. **Agroecologia**: as bases científicas da agricultura alternativa. Rio de Janeiro: PTA/Fase, 1989.

LOPES. B. J. **Resolução de Problemas em Física e Química:** Modelo para estratégias de ensino-aprendizagem. Lisboa: LDA, 1994.

LÜDKE, M.; ANDRÉ, M. **Pesquisa em Educação:** Abordagens qualitativas. São Paulo: EPU, 1986.

MAPA. **Ministério da Agricultura, Pecuária e Abastecimento**. Disponível em: <http://www.agricultura.gov.br/ministerio>. Acesso em: 05 nov. 2014.

MANNING, P. K. Metaphors of the field: varieties of organizational discourse. **In Administrative Science Quarterly**, USA, v. 24, n. 4, p. 660-671, dez. 1979.

MEDEIROS, R. J. et al. Casos de intoxicações exógenas em cães e gatos atendidos na Faculdade de Veterinária da Universidade Federal Fluminense durante o período de 2002 a 2008. **Ciência Rural**, Santa Maria, v. 39, n. 7, p. 2105-2110, 2009.

MARCONI, M. A.; LAKATOS, E. M. **Fundamentos de Metodologia Científica**. 5. ed. São Paulo: Atlas, 2003.

MESQUITA, S. A. **Avaliação da contaminação do leite materno por pesticidas organoclorados persistentes em mulheres doadoras do banco de leite do Instituto Fernandes Figueira, RJ**. 84 f. 2001. Dissertação (Mestrado) – Escola Nacional de Saúde/Fundação Oswaldo Cruz, Rio de Janeiro, 2001.

MIRANDA, A. C.; MOREIRA, J. C.; CARVALHO, R.; PERES, F. Neoliberalismo, Uso de Agrotóxicos e a Crise da Soberania Alimentar no Brasil. **Revista Ciência e Saúde Coletiva**, Manguinhos/RJ, v. 12, n. 1, p. 7-14, jan./mar. 2007.

MORADILIO E. F; OKI, M. C. M. Educação ambiental na universidade: construindo possibilidades. **Química Nova**, São Paulo, v. 27, n. 2, p. 332-336, 2004.

MOREIRA, J. C.; JACOB, S.C.; PERES, F. Avaliação integrada do impacto do uso de agrotóxicos sobre a saúde humana em uma comunidade agrícola em Nova Friburgo-RJ. **Ciência e Saúde Coletiva**, Rio de Janeiro, v. 7, n. 2, p. 299-311, 2002.

NASCIMENTO, M. G. A formação continuada dos professores: modelos, dimensões e problemática. Ciclo de Conferências da Constituinte Escolar. **Caderno Temático**, Belo Horizonte, n. 5, jun. 2000.

OLIVEIRA, H. T. Educação ambiental – ser ou não ser uma disciplina: essa é a principal questão?! In: Mello, Soraia Silva; Trajber, Rachel. (Org.). **Vamos cuidar do Brasil:** conceitos e práticas em educação ambiental. 1. ed. Brasília, DF: MEC/MMA/Unesco, 2007.

OLIVEIRA, R. J. O ensino das ciências e a ética na escola: interfaces possíveis. **Química Nova na Escola**, São Paulo, v. 32, n. 4, p. 227-232, 2010.

PASSOS, C.G.; SANTOS, F.M.T. A Resolução de Problemas na Formação de Professores de Química Brasileiros: análise da produção. In: XV ENEQ – XV ENCONTRO NACIONAL DE ENSINO DE QUÍMICA, Brasília, 2010. **Anais**...

PASSOS, C. G.; SALGADO, T. D. M. Interação universidade-escola: conquistas e perspectivas do subprojeto Pibid/Química da UFRGS. In: Costella, R. Z., et al. (Org.). **Iniciação à docência:** reflexões interdisciplinares. São Leopoldo: Oikos, 2015.

PEREIRA, A. B. **Aprendendo Ecologia através da Educação Ambiental**. Porto Alegre: Sagra Luzatto, 1993.

PERES, F; MOREIRA, J. C. **É veneno ou é remédio?** Agrotóxicos. Saúde e ambiente. Rio de Janeiro: Fiocruz, 2003.

PERRENOUT, P. et al. **As competências para ensinar no século XXI:** A formação dos professores e o desafio da avaliação. Porto Alegre: Artmed, 2002.

PORLÁN A. R.; MARTÍN, J.; **El diario del profesor:** un recurso para la investigación en el aula. 6. ed. Sevilla: Díada, 1998.

POZO, J. (Org.). **A Solução de Problemas:** aprender a resolver, resolver para aprender. Porto Alegre: Artmed, 1998.

POZO, J. I.; CRESPO, M. Á. G.; A solução de problemas em ciências da natureza. In: POZO, J. I. **A solução de problemas**. Porto Alegre: Artmed, 1998.

QUEIROZ, E. K. R.; WAISSMANN, W. Occupational exposure and effects on the male reproductive system. **Cad. Saúde Pública**, Rio de Janeiro, v. 22, n. 3, p. 485-493, mar. 2006.

REIJNTJES, C.; HAVERKORT, B.; WATERS-BAYER, A. **Farming for thefuture:** an introduction to low-external-input and sustainable agriculture. Leusden: Ileia, 1992.

RESOLUÇÃO SOBRE ECOTOXICIDADE NO PARANÁ. Disponível em: <http://www.cema.pr.gov.br/arquivos/File/Resolucao_81_ecotoxicidade.pdf>. Acesso em: 11 jan. 2016.

RIBEIRO, D. C. A. et al. (submetido). Agrotóxicos: uma análise reflexiva dessa temática nos livros didáticos de química indicados pelo programa nacional do livro didático (PNLD) 2015. **Revista Electrónica de Enseñanza de las Ciencias.**

SANTI, T. Ecotoxicidade e Legislação. **Revista O Papel**, São Paulo, v. 3, n. 3, p. 20-22, fev. 2013.

SANTOS, T. M. F; GRECA, M. L. **A Pesquisa em Ensino de Ciências no Brasil e suas Metodologias**. Ijuí: Unijuí, 2007.

SANTOS, F. M. T.; GOI, M. E. J. Resolução de Problemas no Ensino de Química – fundamentos epistemológicos para o emprego da metodologia na Educação Básica. In: XV ENCONTRO NACIONAL DE ENSINO DE QUÍMICA. Brasília, 2012. **Anais...**

SCORZA JUNIOR, R. P.; NÉVOLA, F. A.; AYELO, V. S. Avaliação da contaminação hídrica por agrotóxico. **Boletim de pesquisa e desenvolvimento**. Dourados: Embrapa Agropecuária Oeste, 2010.

SOARES, W. L.; PORTO, M. F. S. Uso de agrotóxicos e impactos econômicos sobre a saúde. **Rev. Saúde Pública**, São Paulo, v. 46, n. 2, p. 209-217, abr. 2012.

SOUZA, M. V. **Resíduos de Agrotóxicos Ditiocarbamatos e Organofosforados em Alimentos Consumidos no Restaurante Universitário-UNB:** Avaliação da Exposição Humana. 110f. 2006. Dissertação (Mestrado) – Universidade de Brasília, Brasília, 2006.

SILVA, C. M. M.; FAY, E. F. **Agrotóxicos e ambiente**. Brasília: Embrapa Informação Tecnológica, 2004.

SILVA, J. M.; ZINI, C. A.; CARAMAO, E. B. Aplicação da cromatografia gasosa bidimensional abrangente com microdetector de captura de elétrons para determinação de agrotóxicos em sedimentos. **Química Nova**, São Paulo, v. 34, n. 6, p. 962-967, 2011.

SILVA, L. O. C. et al. Ação de Eleusinecoracana na remediação de solos contaminados com picloram. **Planta daninha**, Viçosa, v. 30, n. 3, p. 627-632, set. 2012.

SILVA, P. C.; GUIMARÃES, F. L. **Controle de Vetores**: Procedimentos de Segurança. Brasília: Funasa, 2010.

SKORA NETO, F. Manejo de plantas daninhas. In: IAPAR. Plantio direto. **Pequena Propriedade Sustentável**. Iapar, Ponta Grossa, PR (Circular 101). p. 127-157. 1998.

SOARES, M. T. C., PINTO, N. B. Metodologia da resolução de problemas. In: REUNIÃO ANPED, 24., 2001, Caxambu. **Anais** eletrônicos...

UFRRJ. **Universidade Federal Rural do Rio de Janeiro**. Disponível em: <http://www.ufrrj.br/institutos/it/de/acidentes/vene5.htm>. Acesso em: 10 dez. 2014.

VIANNA, D.M.; CARVALHO, A.M. Formação permanente: a necessidade da interação entre a ciência dos cientistas e a ciência da sala de aula. **Ciência & Educação**, Bauru, v. 6, n. 1, p. 31-42, 2000.

VIGOTSKI, L. S.; **Pensamento e Linguagem**. São Paulo: Martins Fontes. 2011.

VILCHES, A.; GIL-PÉREZ, D. La necesaria renovación de la formación del profesorado para una educación científica de calidad, **Tecné, Episteme y Didaxis**, v. 22, n. ext, p. 67-85, 2007.

WANG, Y. et al. Pesticide poisoning in domestic animals and livestock in Austria: a 6 years retrospective study. **Forensic Science International**, USA, v. 169, n. 2, p. 157-160, 2007.

XAVIER, F.G. et al. Cromatografia em camada delgada para o diagnóstico da intoxicação por aldicarb («chumbinho») em cães e gatos. **Arquivo Brasileiro de Medicina Veterinária e Zootecnia**, Belo Horizonte, v. 59, n. 5, p. 1231-1235, 2007.

YIN, R. K. **Estudo de caso**: planejamento e métodos. 2. ed. Porto Alegre: Bookmam. 2001.

ZARBIN, P. H. G.; RODRIGUES, M. A. C.; LIMA, E. R. Feromônios de insetos: tecnologia e desafios para uma agricultura competitiva no Brasil. **Química Nova**, São Paulo, v. 32, n. 3, p. 722-731, 2009.

ZULIANI, S. R. Q. A.; ÂNGELO, A. C. D. A utilização de metodologias alternativas: o método investigativo e a aprendizagem de química. In: **Educação em Ciências da pesquisa à prática docente**. Escrituras: Autores Associados, 2001.

SOBRE OS COAUTORES

Camila Greff Passos

Doutora em Educação Química e mestre em Química pelo Programa de Pós-Graduação em Química da Universidade Federal do Rio Grande do Sul, e licenciada em Química pela Universidade Luterana do Brasil. Atuou na educação básica como professora de Química por seis anos e desde 2013 é docente no Instituto de Química da Universidade Federal do Rio Grande do Sul, onde atua na área de Educação Química, principalmente nos seguintes temas: formação de professores, reformas curriculares, Pibid, resolução de problemas e espaços escolares. E-mail: camilagpassos@gmail.com

Carla Sirtori

Pós-doutora pela Universidade Federal do Rio Grande do Sul, doutora em Química pela Universidad de Almería/Plataforma Solar de Almería, na Espanha; mestra em Química pela Universidade Federal do Paraná e licenciada e bacharela em Química pela Universidade Federal do Paraná. É docente no Instituto de Química da Universidade Federal do Rio Grande do Sul, desde 2013, onde atua na área de Química Analítica e Ambiental, principalmente nos seguintes temas: contaminantes emergentes, monitoramento, tratamento, degradação e processos avançados de oxidação mediados pela energia solar. E-mail: carla.sirtori@ufrgs.br

Cláudio Aramy Marcinkowski

Mestre em Linguística Aplicada pela Pontifícia Universidade Católica do Rio Grande do Sul, especialista em Ensino da Língua Portuguesa pela PUCRS, graduado em Letras/Português e Literaturas da Língua Portuguesa pela PUCRS; faz parte da banca examinadora das redações de vestibular da PUCRS há mais de 20 anos, trabalhou como docente na PUCRS, Escola Pan-Americana de Porto Alegre, Colégio Marista Champagnat, Escola Pastor Dohms e atua como diretor da Escola Estadual de Ensino Fundamental Piauí. E-mail: cmarcinkowski@terra.com.br